"十三五"国家重点图书　　总顾问：李　坚　刘泽祥　胡景初
2019年度国家出版基金资助项目　　总策划：纪　亮　总主编：周京南

国家出版基金项目
NATIONAL PUBLICATION FOUNDATION

中国古典家具技艺全书

（第一批）

匠心营造 II

第四卷

（总三十卷）

主　编：袁进东　梅剑平　刘　岸

副主编：贾　刚　卢海华　李　鹏

中国林业出版社

·北京·

图书在版编目（CIP）数据

匠心营造 . II ／ 周京南总主编 . -- 北京 ：中国林业出版社，2020.5
（中国古典家具技艺全书 . 第一批）

ISBN 978-7-5219-0614-1

Ⅰ. ①匠… Ⅱ. ①周… Ⅲ. ①家具－介绍－中国－古代 Ⅳ. ① TS666.202

中国版本图书馆 CIP 数据核字 (2020) 第 093871 号

责任编辑：王思源

出 版： 中国林业出版社（100009 北京西城区德内大街刘海胡同 7 号）
印 刷： 北京雅昌艺术印刷有限公司
发 行： 中国林业出版社
电 话： 010-8314 3518
版 次： 2020 年 10 月 第 1 版
印 次： 2020 年 10 月 第 1 次
开 本： 889mm×1194mm,1/16
印 张： 18
字 数： 200 千字
图 片： 约 800 幅
定 价： 360.00 元

《中国古典家具技艺全书》
总编撰委员会

总 顾 问：李 坚 刘泽祥 胡景初
总 策 划：纪 亮
总 主 编：周京南
编委成员：

周京南 袁进东 刘 岸 梅剑平 蒋劲东
马海军 吴闻超 贾 刚 卢海华 董 君
方崇荣 李 峰 李 鹏 王景军 叶双陶

《中国古典家具技艺全书——匠心营造 II》

总主编：周京南
主 编：袁进东 梅剑平 刘 岸
副主编：贾 刚 卢海华 李 鹏

序　言

李　坚　中国工程院院士

讲到中国的古家具，可谓博大精深，灿若繁星。

从神秘庄严的商周青铜家具，到浪漫拙朴的秦汉大漆家具；从壮硕华美的大唐壸门结构，到精炼简雅的宋代框架结构，从秀丽俊逸的明式风格，到奢华繁复的清式风格，这一漫长而恢宏的演变过程，每一次改良，每一场突破，无不渗透着中国人的文化思想和审美观念，无不凝聚着中国人的汗水与智慧。

家具本是静物，却在中国人的手中活了起来。

木材，是中国古家具的主要材料。通过中国匠人的手，塑出家具的骨骼和形韵，更是其商品价值的重要载体。红木的珍稀世人多少知晓，紫檀、黄花梨、大红酸枝的尊贵和正统更是为人称道，若是再辅以金、骨、玉、瓷、珐琅、螺钿、宝石等珍贵的材料，其华美与金贵无须言表。

纹饰，是中国古家具的主要装饰。纹必有意，意必吉祥，这是中国传统工艺美术的一大特色。纹饰之于家具，不但起到点缀空间、构图美观的作用，还具有强化主题、烘托喜庆的功能。龙凤麒麟、喜鹊仙鹤、八仙八宝、梅兰竹菊，都寓意着美好和幸福，这些也是刻在中国人骨子里的信念和情结。

造型，是中国古家具的外化表现和功能诉求。流传下来的古家具实物在博物馆里，在藏家手中，在拍卖行里，向世人静静地展现着属于它那个时代的丰姿。即使是从未接触过古家具的人，大概也分得出桌椅几案，柜架床榻，这得益于中国家具的流传有序和中国人制器为用的传统。关于造型的研究更是理论深厚，体系众多，不一而足。

唯有技艺，是成就中国古家具的关键所在，当前并没有被系统地挖掘和梳理，尚处于失传和误传的边缘，显得格外落寞。技艺是连接匠人和器物的桥梁，刀削斧凿，木活生花，是熟练的手法，是自信的底气，也是"手随心驰，心从手思，心手相应"的炉火纯青之境界。但囿于中国传统各行各业间"以师带徒，口传心授"的传承方式的局限，家具匠人们的技艺并没有被完整的记录下来，没有翔实的资料，也无标准可依托，这使得中国古典家具技艺在当今社会环境中很难被传播和继承。

此时，由中国林业出版社策划、编辑和出版的《中国古典家具技艺全书》可以说是应运而生，责无旁贷。全套书共三十卷，分三批出版，并运用了当前最先进的技术手段，最生动的展现方式，对宋、明、清和现代中式的家具进行了一次系统的、全面的、大体量的收集和整理，通过对家具结构的拆解，家具部件的展示，家具工艺的挖掘，家具制作的考证，为世人揭开了古典家具技艺之美的面纱。图文资料的汇编、尺寸数据的测量、CAD和效果图的绘制以及对相关古籍的研究，以五年的时间铸就此套著作，匠人匠心，在家具和出版两个领域，都光芒四射。全书无疑是一次对古代家具文化的抢救性出版，是对古典家具行业"以师带徒，口传心授"的有益补充和锐意创新，为古典家具技艺的传承、弘扬和发展注入强劲鲜活的动力。

　　党的十八大以来，国家越发重视技艺，重视匠人，并鼓励"推动中华优秀传统文化创造性转化、创新性发展"，大力弘扬"精益求精的工匠精神"。《中国古典家具技艺全书》正是习近平总书记所强调的"坚定文化自信、把握时代脉搏、聆听时代声音，坚持与时代同步伐、以人民为中心、以精品奉献人民、用明德引领风尚"的具体体现和生动诠释。希望《中国古典家具技艺全书》能在全体作者、编辑和其他工作人员的严格把关下，成为家具文化的精品，成为世代流传的经典，不负重托，不辱使命。

2020 年 5 月

前　言

纪　亮　全书总策划

中国的古家具，有着悠久的历史。传说上古之时，神农氏发明了床，有虞氏时出现了俎。商周时代，出现了曲几、屏风、衣架。汉魏以前，家具形体一般较矮，属于低型家具。自南北朝开始，出现了垂足坐，于是凳、靠背椅等高足家具随之产生。隋唐五代时期，垂足坐的休憩方式逐渐普及，高低型家具并存。宋代以后，高型家具及垂足坐才完全代替了席地坐的生活方式。高型家具经过宋、元两朝的普及发展，到明代中期，已取得了很高的艺术成就，使家具艺术进入成熟阶段，形成了被誉为具有高度艺术成就的"明式家具"。清代家具，承明余绪，在造型特征上，骨架粗壮结实，方直造型多于明式曲线造型，题材生动且富于变化，装饰性强，整体大方而局部装饰细致入微。到了近现代，特别是近20年来，随着我国经济的发展，文化的繁荣，古典家具也随之迅猛发展。在家具风格上，现代古典家具在传承明清家具的基础上，又有了一定的发展，并形成了独具中国特色的现代中式家具，亦有学者称之为中式风格家具。

中国的古典家具，通过唐宋的积淀，明清的飞跃，现代的传承，成为"东方艺术的一颗明珠"。中国古典家具是我国传统造物文化的重要组成和载体，也深深影响着世界近现代的家具设计，国内外研究并出版的古典家具历史文化类、图录资料类的著作较多，而从古典家具技艺的角度出发，挖掘整理的著作少之又少。技艺——是古典家具的精髓，是原汁原味地保护发展我国古典家具的核心所在。为了更好地传承和弘扬我国古典家具文化，全面系统地介绍我国古典家具的制作技艺，提高国家文化软实力，提升民族自信，实现古典家具创造性转化、创新性发展，中国林业出版社聚集行业之力组建"中国古典家具技艺全书"编写工作组。技艺全书以制作技艺为线索，详细介绍了古典家具中的结构、造型、制作、解析、鉴赏等内容，全书共三十卷，分为榫卯构造、匠心营造、大成若缺、解析经典、美在久成这五个系列，并通过数字化手段搭建"中国古典家具技艺网"和"家具技艺APP"等。全书力求通过准确的测量、绘制、挖掘、梳理，向读者展示中国古典家具的结构美、造型美、雕刻美、装饰美、材质美。

　　《匠心营造》为全书的第二个系列，共分四卷。照图施艺是木工匠人的制作本领。木工图的绘制是古典家具制作技艺中的必修课，这部分内容按照坐具、承具、卧具、庋具、杂具等类别进行研究、测量、绘制、整理，最终形成了近千款源自宋、明、清和现代这几个时期的古典家具CAD图录，这些丰富而翔实的图录将为我们研究和制作古典家具提供重要的参考和学习研究资料。为了将古典家具器形结构全面而准确地呈现给读者，编写人员多次走访各地实地考察、实地测绘，大家不辞辛劳，力求全面。研讨和编写过程都让人称赞。然而，中国古典家具文化源远流长、家具技艺博大精深，要想系统、全面地挖掘，科学、完善地测量，精准、细致地绘制，是很难的。加之编写人员较多、编写经验不足等因素导致测绘不精确、绘制有误差等现象时有出现，具体体现在尺寸标注方法不一致、不精准，器形绘制不流畅、不细腻，技艺挖掘不系统、不全面等问题，望广大读者批评和指正，我们将在未来的修订再版中予以更正。

　　最后，感谢国家新闻出版署将本项目列为"十三五"国家重点图书出版规划，感谢国家出版基金规划管理办公室对本项目的支持，感谢为全书的编撰而付出努力的每位匠人、专家、学者和绘图人员。

纪亮

2020 年 5 月

目　录

匠心营造 I（第三卷）

匠心营造 II（第四卷）

目

录

目 录

目

录

目　录

目

录

目 录

附录：图版索引

目录

匠心营造III（第五卷）

匠心营造IV（第六卷）

中国古典家具木工营造图解之承具

二

二、中国古典家具木工营造图解之承具

（一）承具

承具主要分为三大种类：

（1）桌：供桌、方桌、长桌、圆桌、月牙桌、半圆桌、琴桌、书桌、酒桌等；

（2）案：平头案、翘头案、画案、炕案等；

（3）几：条几、炕几、茶几、花几、香几等。

承具中的桌案在中国古代文化中地位较高，是中国礼仪文化之邦传承的产物，也是礼仪接待不可缺少的重要家具。

（二）古典家具木工营造图解之承具

本章选取承具中的宋式、明式、清式、现代中式等代表性家具，对其木工营造图进行深度解读和研究，并形成珍贵而翔实的图片资料。

主要研究的器形如下：

（1）宋式家具：宋式两屉条桌、宋式有束腰素面条桌等；

（2）明式家具：明式下卷云纹炕几、明式扯不断纹炕几等；

（3）清式家具：清式拐子纹炕桌、清式三屉炕桌等；

（4）现代中式家具：现代中式灵芝纹餐桌三件套、现代中式祥云如意餐桌三件套等。

图片资料详见P4～264。

说明：在承具的测量和绘制过程中存在少量国标允许的误差。

承具图版

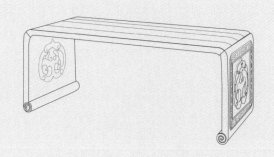

宋式两屉条桌

材质：榉木

丰款：宋代

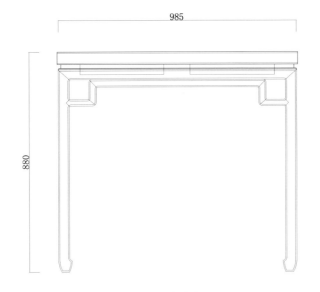

主视图

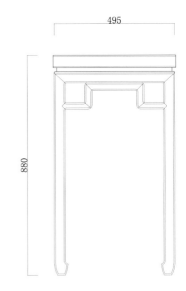

左视图

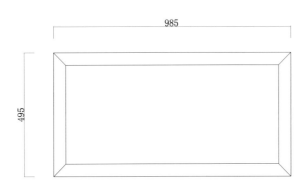

俯视图

图版清单（宋式两屉
条桌 ）：
主视图
左视图
俯视图

注：全书计量单位为毫米（mm）。

宋式有束腰素面条桌

材质：榆木

年款：宋代

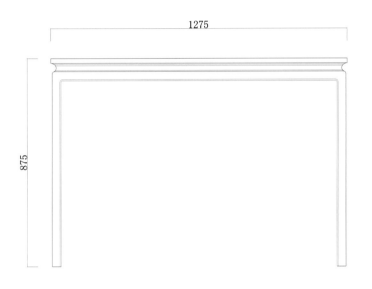

主视图

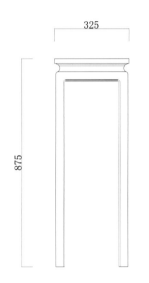

左视图

俯视图

宋式罗锅枨画案

材质：榆木

年款：宋代

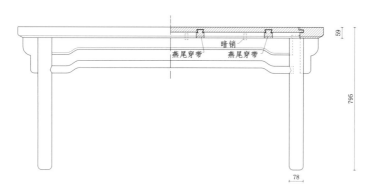

主视图 左视图

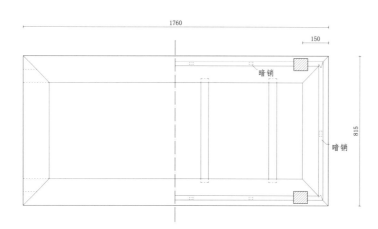

俯视图

图版清单（宋式罗锅
枨画案）：
主视图
左视图
俯视图

宋式素牙板酒桌

材质：榉木

丰款：宋代

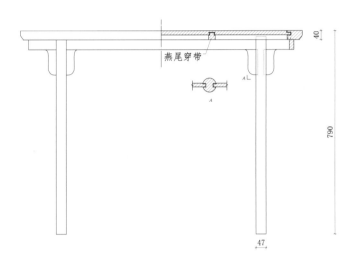

主视图

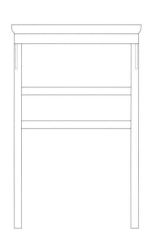

左视图

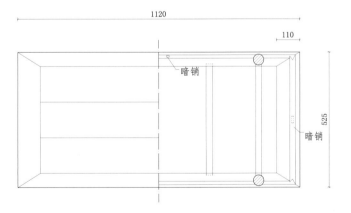

俯视图

图版清单（宋式素牙板酒桌）：
主视图
左视图
俯视图

明式下卷云纹炕几

材质：黄花梨

丰款：明代（清宫旧藏）

主视图

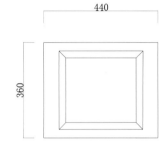

左视图

俯视图

明式扯不断纹炕几

材质：黄花梨

年款：明代（清宫旧藏）

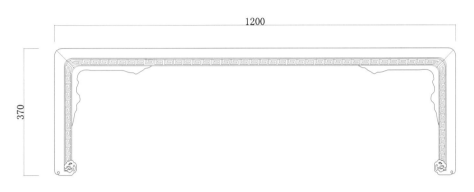

1200

370

主视图

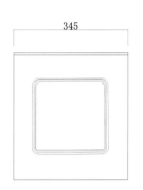

345

左视图

1200

345

俯视图

明式壶门牙板翘头炕案

材质：黄花梨

年款：明代（清宫旧藏）

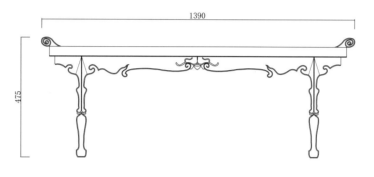

主视图

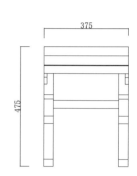

左视图

俯视图

图版清单（明式壶门
牙板翘头炕案）：
主视图
左视图
俯视图

明式有束腰炮仗洞香几

材质：老红木

丰款：明代（清宫旧藏）

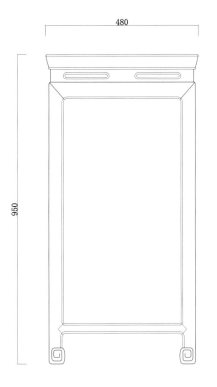

480

950

主视图

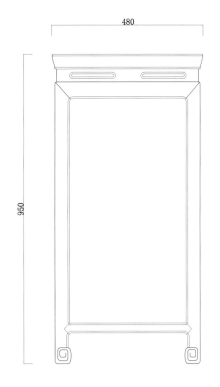

480

950

左视图

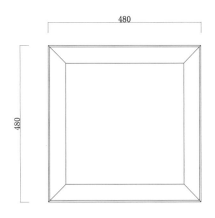

480

480

俯视图

图版清单（明式有束
腰炮仗洞香几）：
主视图
左视图
俯视图

明式嵌珐琅面梅花式香几

材质：黄花梨

年款：明代（清宫旧藏）

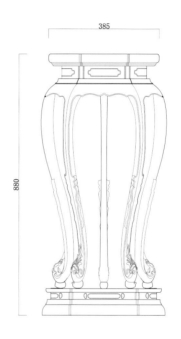

主视图

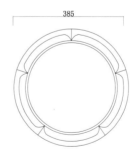

俯视图

图版清单（明式嵌珐
琅面梅花式香几）：
主视图
俯视图

12

明式高束腰透光方香几

材质：黄花梨

丰款：明代

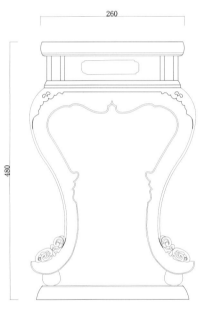

主视图

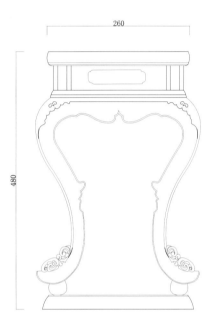

左视图

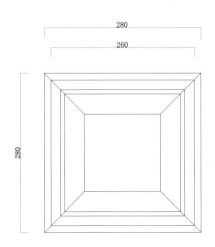

俯视图

图版清单（明式高束
腰透光方香几）：
主视图
左视图
俯视图

明式三弯腿香几

材质：黄花梨

丰款：明代（清宫旧藏）

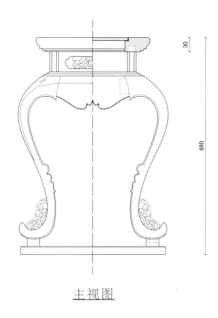

主视图

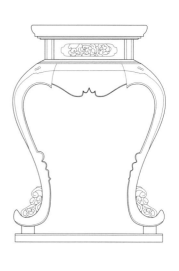

左视图

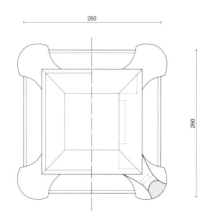

俯视图

图版清单（明式三弯
腿香几）：
主视图
左视图
俯视图

明式有束腰香几

材质：黄花梨

年款：明代（清宫旧藏）

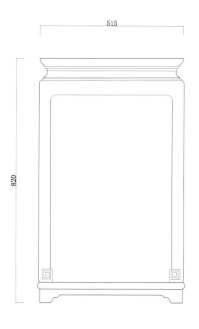

515

820

主视图

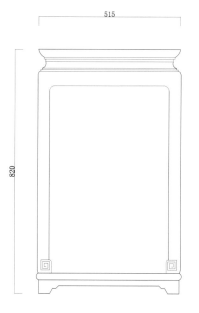

515

820

左视图

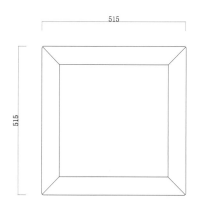

515

515

俯视图

承具·明代

图版清单（明式有束
腰香几）：

主视图

左视图

俯视图

15

明式四足圆香几

材质：黄花梨

年款：明代（清宫旧藏）

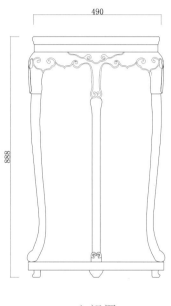

主视图

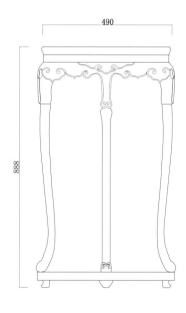

左视图

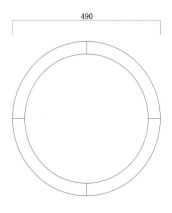

俯视图

图版清单（明式四足
圆香几）：
主视图
左视图
俯视图

明式四足方香几

材质：黄花梨

年款：明代

主视图

左视图

透视图

图版清单（明式四足
方香几）：
主视图
左视图
透视图

注：为了便于读者理解，增加透视图。

明式五足内卷香几

材质：黄花梨

年款：明代（清宫旧藏）

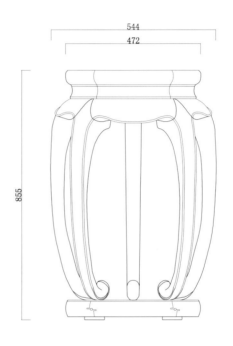

544
472

855

主视图

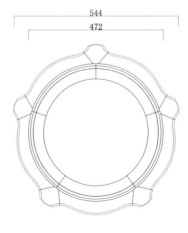

544
472

俯视图

图版清单（明式五足
内卷香几）：
主视图
俯视图

明式六足荷叶式香几

材质：黄花梨

年款：明代（清宫旧藏）

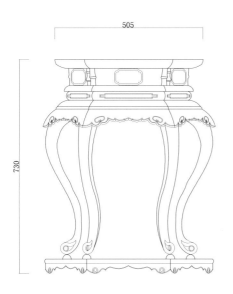

主视图

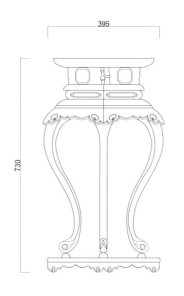

左视图

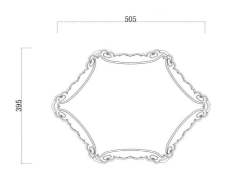

俯视图

图版清单（明式六足
荷叶式香几）：
主视图
左视图
俯视图

明式卷草纹圆花几

材质：黄花梨

丰款：明代

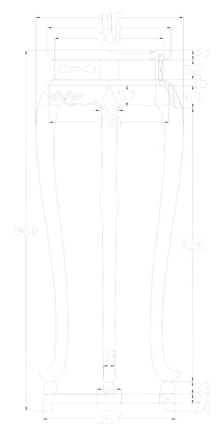

主视图

细节图（腿足）

图版清单（明式卷草
纹圆花几）：
主视图
俯视图
细节图（腿足）

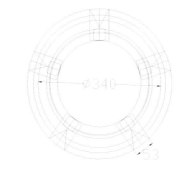

俯视图

注：主视图投影结合剖视绘法，略去正面两条腿，并单独绘制细节图。

明式夹头榫带屉板酒桌

材质：黄花梨

丰款：明代（清宫旧藏）

805

886

主视图

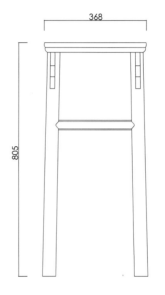

805

368

左视图

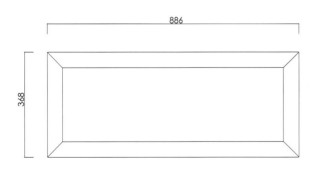

886

368

俯视图

明式螭龙纹方桌

材质：黄花梨

年款：明代（清宫旧藏）

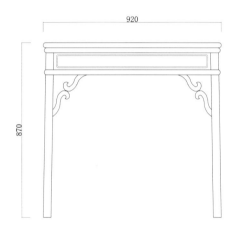

主视图

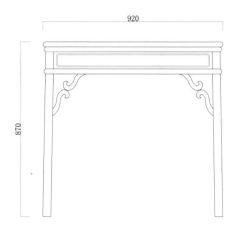

左视图

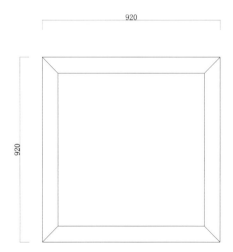

俯视图

注：视图中纹饰略去。

明式霸王枨有束腰方桌

材质：黄花梨

年款：明代（清宫旧藏）

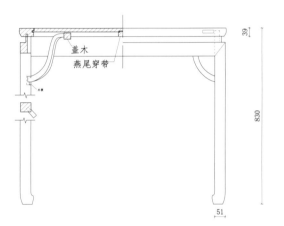

盖木
燕尾穿带

39
830
51

主视图

左视图

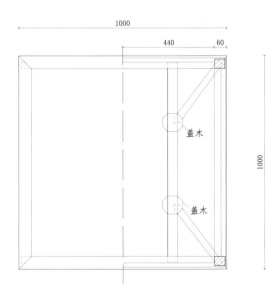

1000
440
60
1000

盖木

盖木

俯视图

图版清单（明式霸王
枨有束腰方桌）：
主视图
左视图
俯视图

承具·明代

23

明式卷草纹展腿方桌

材质：紫檀

丰款：明代

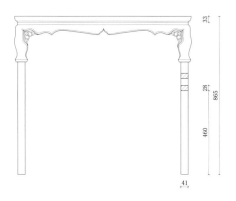

主视图

燕尾穿带

左视图

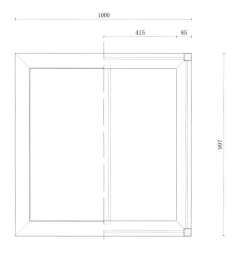

俯视图

透视图

图版清单（明式卷草
纹展腿方桌）：
主视图
左视图
俯视图
透视图

注：为了便于读者理解，增加透视图。

明式卷草拐子纹方桌

材质：黄花梨

丰款：明代（清宫旧藏）

主视图

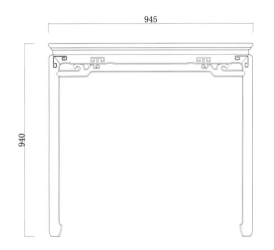

左视图

945

945

940

940

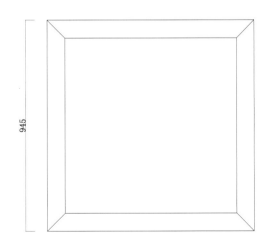

945

俯视图

明式云纹霸王枨小方桌

材质：黄花梨

丰款：明代

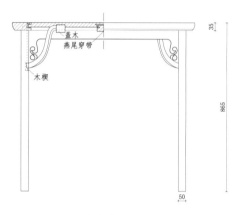

主视图

左视图

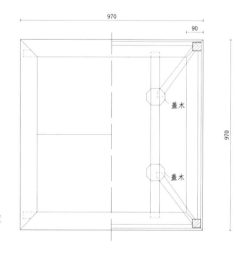

俯视图

匠心营造

明式有束腰小条桌

材质：黄花梨

年款：明代（清宫旧藏）

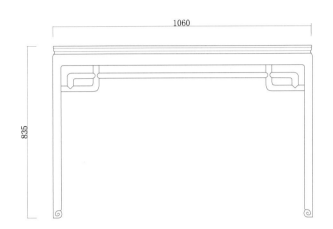

1060

835

主视图

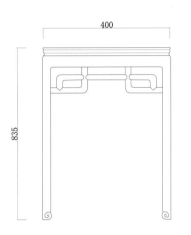

400

835

左视图

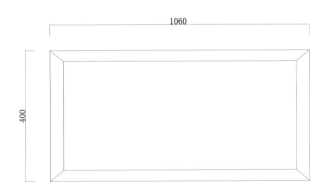

1060

400

俯视图

图版清单（明式有束腰小条桌）：
主视图
左视图
俯视图

明式云龙纹条案

材质：黄花梨

丰款：明代（清宫旧藏）

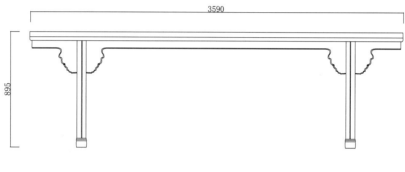

3590

895

480

主视图　　　　　　　　　　　　左视图

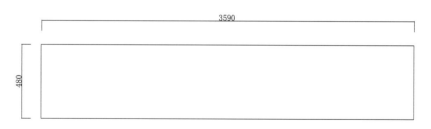

3590

480

俯视图

图版清单（明式云龙
纹条案）：
主视图
左视图
俯视图

注：牙板装饰略去。

明式夹头榫平头案

材质：黄花梨

丰款：明代（清宫旧藏）

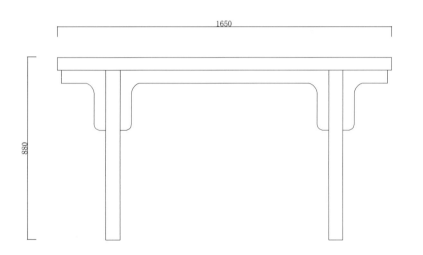

1650

880

主视图

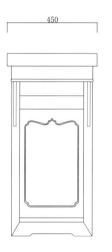

450

左视图

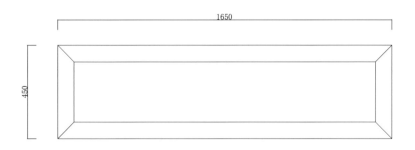

1650

450

俯视图

承具·明代

明式螭龙纹翘头案

材质：黄花梨

丰款：明代（清宫旧藏）

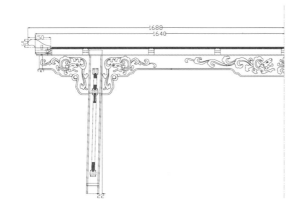

主视图

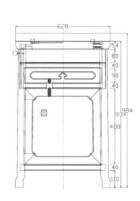

左视图

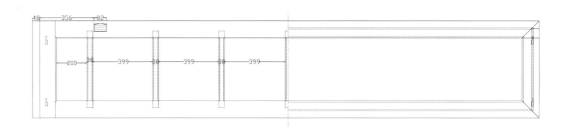

俯视图

注：主视图采用轴对称画法，略去对称部分。

明式夔龙纹翘头案

材质：黄花梨

丰款：明代（清宫旧藏）

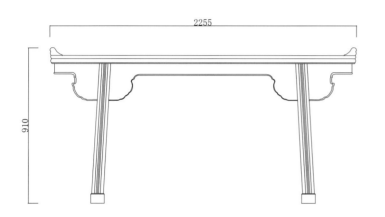

主视图

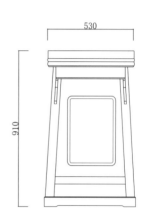

左视图

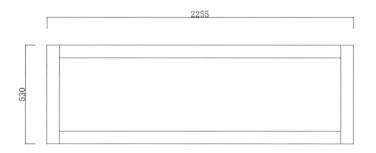

俯视图

注：牙板装饰略去。

明式双螭纹翘头案

材质：黄花梨

年款：明代（清宫旧藏）

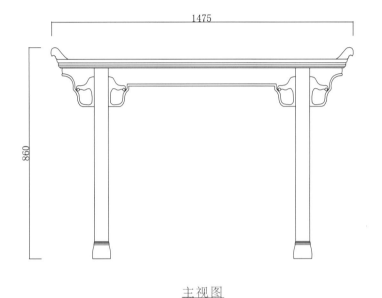

主视图   左视图

俯视图

图版清单（明式双螭
纹翘头案）：
主视图
左视图
俯视图

注：牙板装饰略去。

明式素牙头翘头案

材质：黄花梨

年款：明代（清宫旧藏）

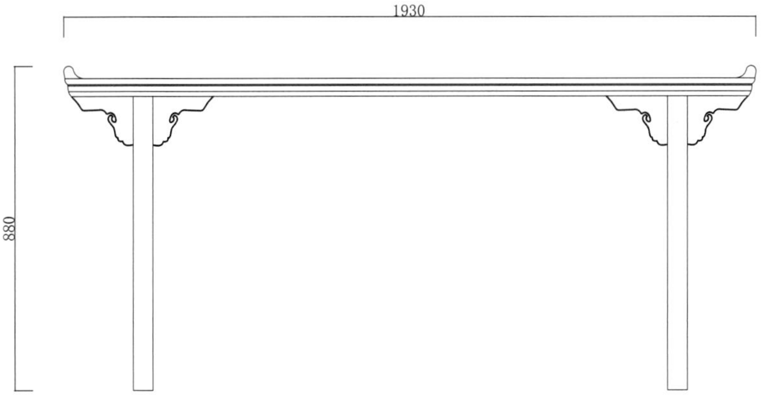
1930
880

主视图

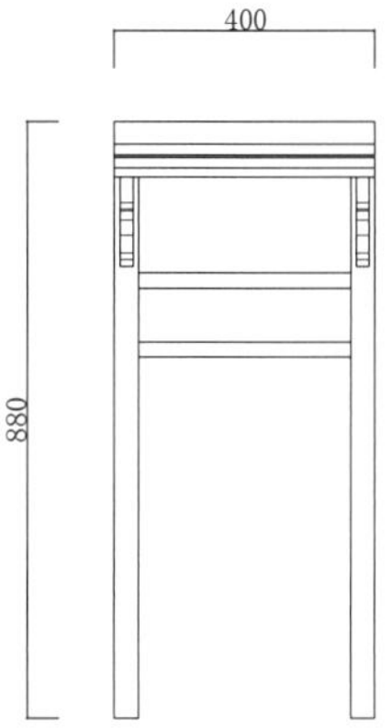
400
880

左视图

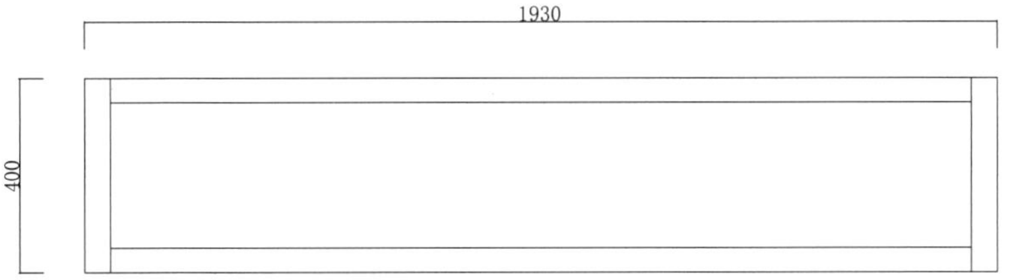
1930
400

俯视图

图版清单（明式素牙头翘头案）：

主视图

左视图

俯视图

明式夹头榫带托子翘头案

材质：黄花梨

年款：明代（清宫旧藏）

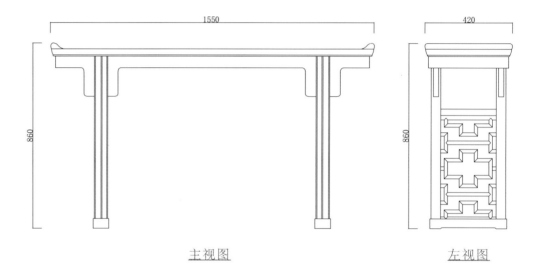

主视图   左视图

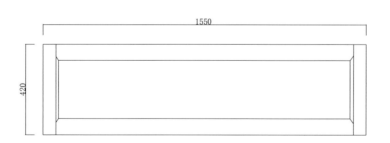

俯视图

图版清单（明式夹头
榫带托子翘头案）：
主视图
左视图
俯视图

明式卷云纹牙板翘头案

材质：黄花梨

丰款：明代（清宫旧藏）

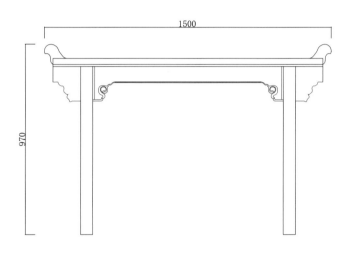

主视图

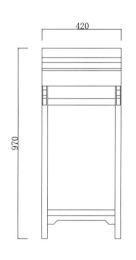

左视图

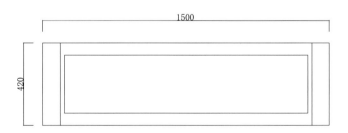

俯视图

明式雕花翘头案

材质：黄花梨

年款：明代（清宫旧藏）

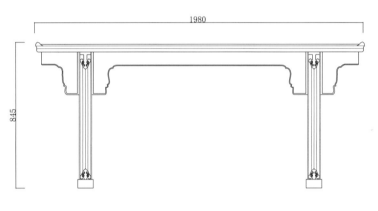

主视图

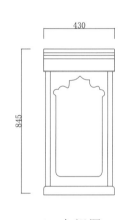

左视图

俯视图

图版清单（明式雕花
翘头案）：
主视图
左视图
俯视图

注：牙板装饰略去。

明式卷云纹翘头案

材质：黄花梨

丰款：明代

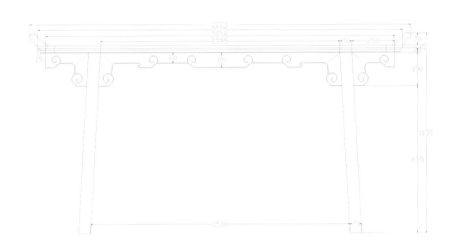

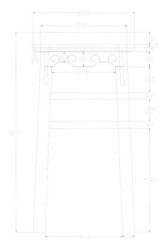

主视图

左视图

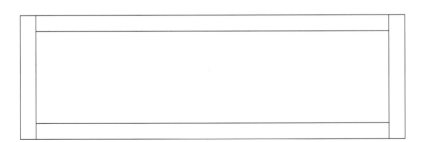

俯视图

图版清单（明式卷云
纹翘头案）：
主视图
左视图
俯视图

明式拐子螭龙纹翘头案

材质：黄花梨

年款：明代

主视图　　　　　　　　　左视图

俯视图

明式翘头抽屉桌

材质：黄花梨

丰款：明代

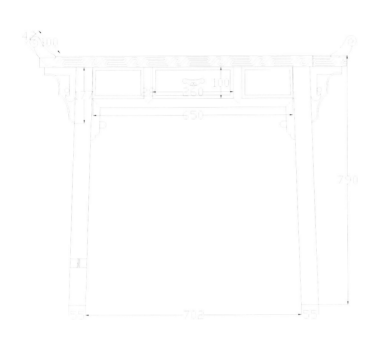

主视图

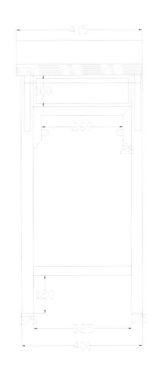

左视图

俯视图

图版清单（明式翘头
抽屉桌）：
主视图
左视图
俯视图

39

明式雕花三屉书案

材质：黄花梨

年款：明代（清宫旧藏）

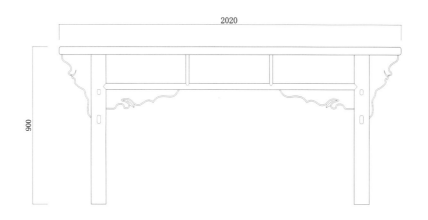

主视图

左视图

俯视图

图版清单（明式雕花
三屉书案）：
主视图
左视图
俯视图

注：主视图抽屉拉手略去。

明式裹腿素面架几案

材质：黄花梨

年款：明代（清宫旧藏）

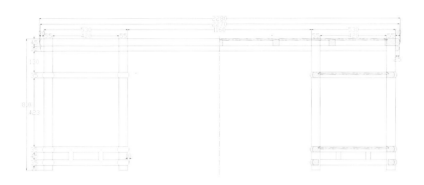

主视图

左视图

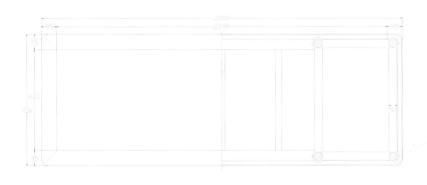

俯视图

细节图

图版清单（明式裹腿
素面架几案）：
主视图
左视图
俯视图
细节图

明式卷云纹画案

材质：黄花梨

丰款：明代（清宫旧藏）

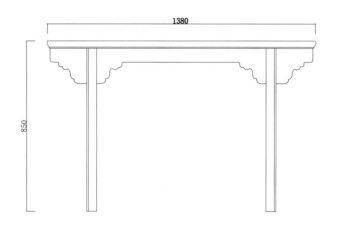

1380

850

主视图

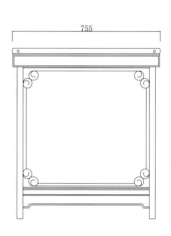

755

左视图

755

俯视图

图版清单（明式卷云
纹画案）：
主视图
左视图
俯视图

注：牙板装饰略去。

匠心营造

明式四屉书桌

材质：鸡翅木

年款：明代

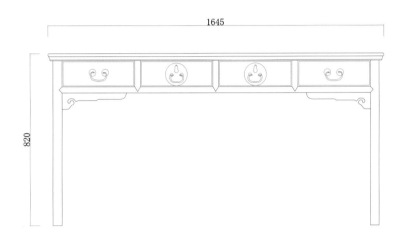

1645

820

主视图

600

820

左视图

1645

600

俯视图

图版清单（明式四屉
书桌）：

主视图
左视图
俯视图

明式罗锅枨翘头案三件套

材质：黄花梨

年款：明代

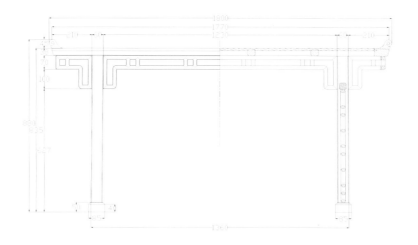

案－主视图

案－右视图

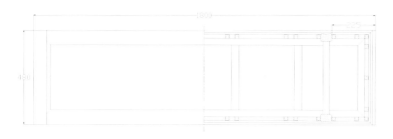

案－俯视图

匠心营造

注：此三件套中案为1件，椅为2件。

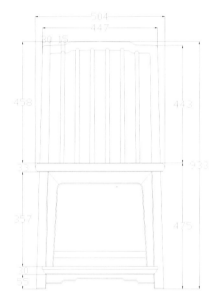

椅—主视图

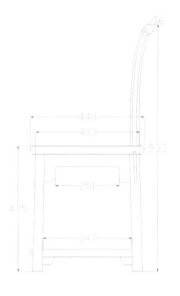

椅—右视图

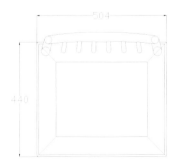

椅—俯视图

图版清单（明式罗锅
枨翘头案三件套）:
案—主视图
案—右视图
案—俯视图
椅—主视图
椅—右视图
椅—俯视图

明式竹节纹餐桌五件套

材质：紫檀

年款：明代

桌－主视图   桌－右视图

桌－俯视图

匠心营造

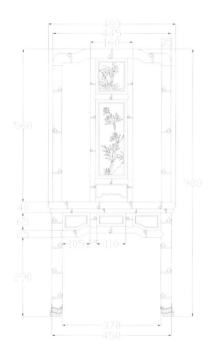

椅－主视图

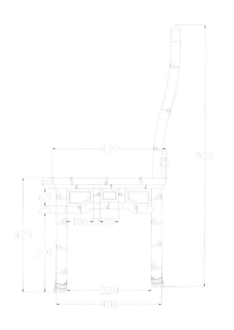

椅－右视图

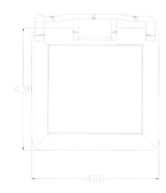

椅－俯视图

图版清单（明式竹节
纹餐桌五件套）：
桌－主视图
桌－右视图
桌－俯视图
椅－主视图
椅－右视图
椅－俯视图

承具·明代

清式拐子纹炕桌

材质：紫檀

丰款：清代（清宫旧藏）

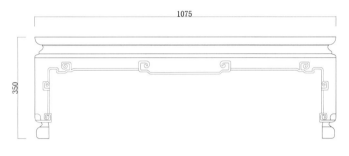

主视图

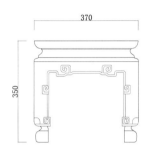

左视图

俯视图

图版清单（清式拐子
纹炕桌）：
主视图
左视图
俯视图

清式三屉炕桌

材质：黄花梨

年款：清代（清宫旧藏）

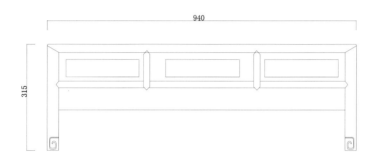

主视图

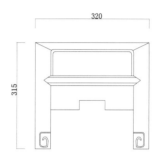

左视图

俯视图

图版清单（清式三
屉炕桌）：
主视图
左视图
俯视图

注：主视图抽屉拉手略去。

清式桃蝠拐子纹炕桌

材质：紫檀

丰款：清代（清宫旧藏）

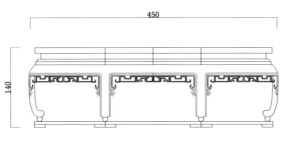

主视图

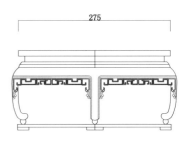

左视图

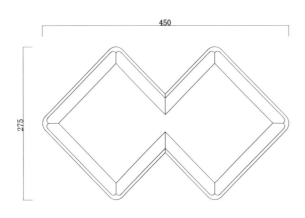

俯视图

图版清单（清式桃蝠
拐子纹炕桌）：
主视图
左视图
俯视图

注：视图部分纹饰略去。

清式卷云纹足带托泥炕桌

材质：花梨木

年款：清代（清宫旧藏）

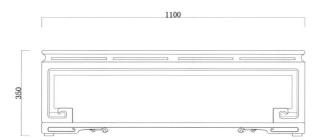

主视图

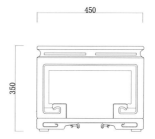

左视图

俯视图

图版清单（清式卷云纹足带托泥炕桌）：
主视图
左视图
俯视图

清式卷云纹炕桌

材质：紫檀

年款：清代（清宫旧藏）

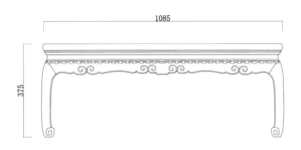

主视图

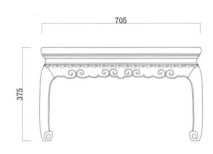

左视图

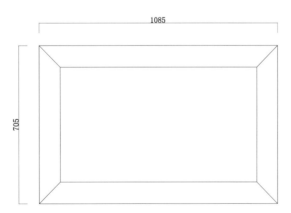

俯视图

图版清单（清式卷云
纹炕桌）：
主视图
左视图
俯视图

清式有束腰回纹拐子炕桌

材质：紫檀

年款：清代（清宫旧藏）

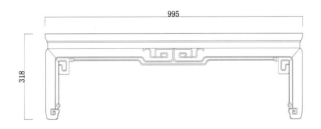

995

318

主视图

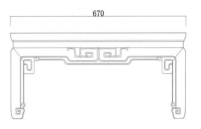

670

左视图

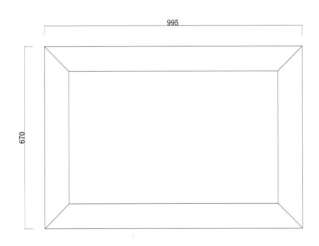

995

670

俯视图

清式回纹足炕桌

材质：黄花梨

年款：清代（清宫旧藏）

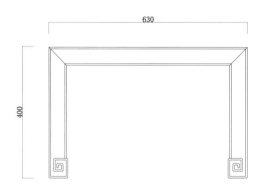

主视图   左视图

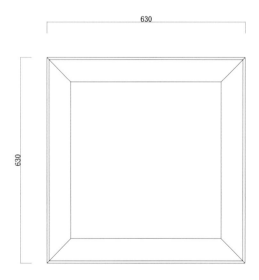

俯视图

图版清单（清式回纹
足炕桌）：
主视图
左视图
俯视图

清式卷云纹炕桌

材质：紫檀

年款：清代（清宫旧藏）

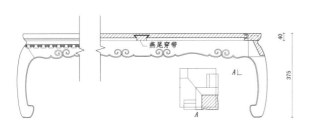

燕尾穿带

40

375

主视图   左视图

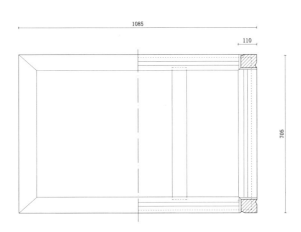

1085

110

705

俯视图

图版清单（清式卷云
纹炕桌）：
主视图
左视图
俯视图

清式拐子纹角牙炕桌

材质：紫檀

丰款：清代（清宫旧藏）

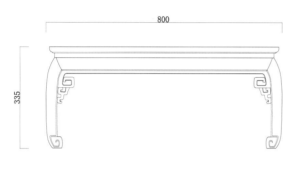

主视图

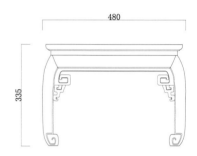

左视图

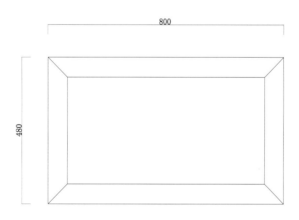

俯视图

图版清单（清式拐子
纹角牙炕桌）：
主视图
左视图
俯视图

清式高束腰卷云纹炕桌

材质：紫檀

年款：清代

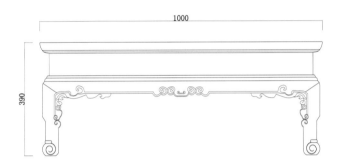

主视图

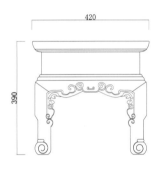

左视图

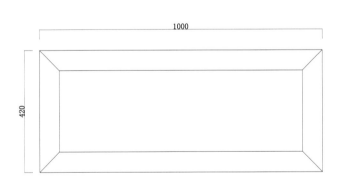

俯视图

图版清单（清式高
束腰卷云纹炕桌）：
主视图
左视图
俯视图

清式夔龙纹炕桌

材质：黄花梨

年款：清代（清宫旧藏）

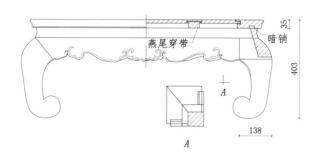

燕尾穿带

暗销

35

403

138

A

主视图   左视图

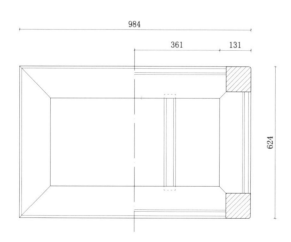

984

361   131

624

俯视图

图版清单（清式夔龙
纹炕桌）：
主视图
左视图
俯视图

注：视图中纹饰略去。

清式三弯腿炕桌

材质：黄花梨

丰款：清代（清宫旧藏）

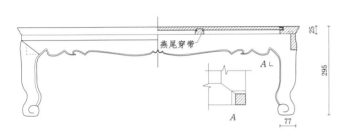

燕尾穿带

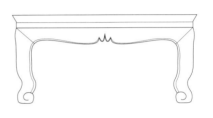

主视图

左视图

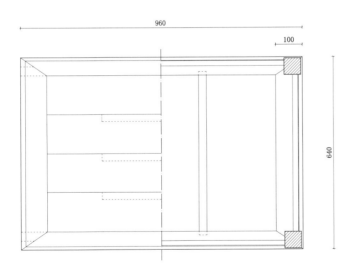

俯视图

清式红漆嵌螺钿百寿字炕桌

材质：榆木（大漆）

年款：清代（清宫旧藏）

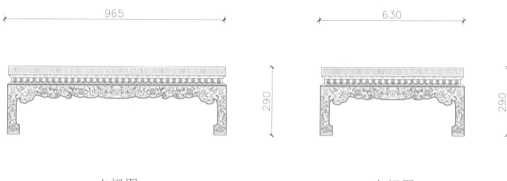

965

630

290

290

主视图   左视图

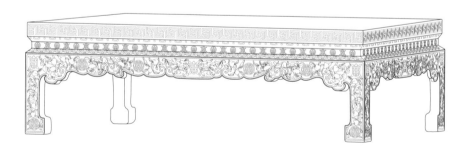

透视图

图版清单（清式红漆
嵌螺钿百寿字炕桌）：
主视图
左视图
透视图

注：为了便于读者理解，增加透视图。

清式黑漆描金嵌玉百寿字炕桌

材质：榆木（大漆）

年款：清代（清宫旧藏）

295

1120

主视图

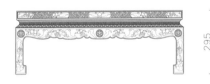

295

左视图

1120

810

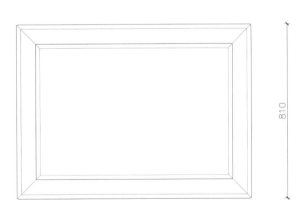

俯视图

图版清单（清式黑
漆描金嵌玉百寿字
炕桌）：
主视图
左视图
俯视图

清式黑漆描金山水图炕桌

材质：榆木（大漆）

丰款：清代（清宫旧藏）

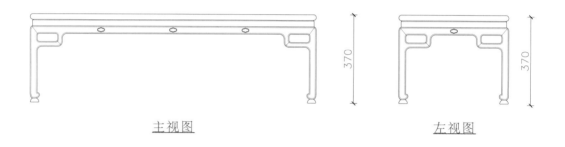

370

370

主视图

左视图

1240

475

俯视图

图版清单（清式黑漆
描金山水图炕桌）：
主视图
左视图
俯视图

注：视图中纹饰略去。

清式桃蝠纹炕几

材质：黄花梨

年款：清代（清宫旧藏）

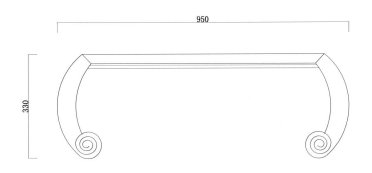

950

330

主视图

420

左视图

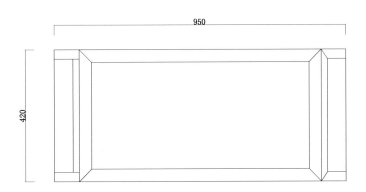

950

420

俯视图

注：视图中纹饰略去。

清式扯不断纹板足炕几

材质：黄花梨

年款：清代（清宫旧藏）

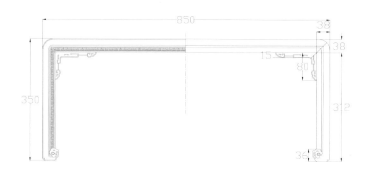

主视图

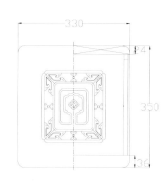

左视图

俯视图

图版清单（清式扯不
断纹板足炕几）：
主视图
左视图
俯视图

清式卷云足小炕几

材质：紫檀

年款：清代（清宫旧藏）

主视图

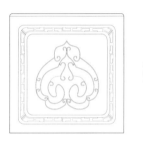

左视图

俯视图

清式嵌螺钿夔龙纹炕案

材质：黄花梨

年款：清代（清宫旧藏）

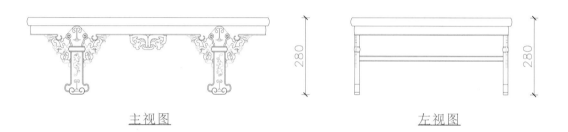

主视图   左视图

俯视图

图版清单（清式嵌螺
钿夔龙纹炕案）：
主视图
左视图
俯视图

280

280

915

605

匠心营造

66

清式嵌大理石炕案

材质：楠木

丰款：清代（清宫旧藏）

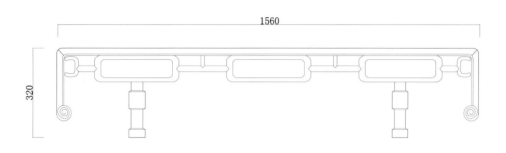

1560

320

主视图

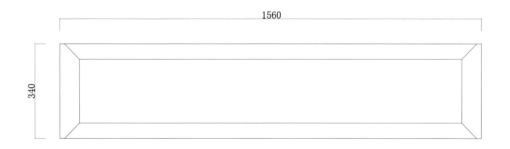

1560

340

俯视图

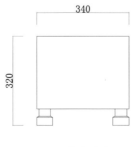

340

320

左视图

图版清单（清式嵌大
理石炕案）：
主视图
俯视图
左视图

清式剔黑填漆六方纹炕案

材质：榉木（大漆）

年款：清代（清宫旧藏）

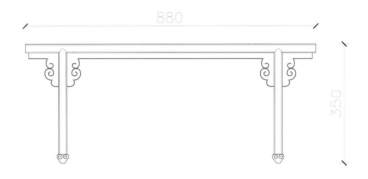

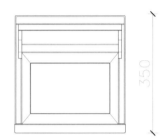

主视图

左视图

俯视图

图版清单（清式剔黑
填漆六方纹炕案）：
主视图
左视图
俯视图

注：视图中纹饰略去。

匠心营造

清式云纹牙头炕案

材质：紫檀

年款：清代（清宫旧藏）

945

340

主视图

345

340

左视图

945

345

俯视图

图版清单（清式云纹
牙头炕案）：
主视图
左视图
俯视图

承具·清代

清式回纹炕案

材质：紫檀

年款：清代（清宫旧藏）

主视图

左视图

俯视图

图版清单（清式回纹
炕案）：
主视图
左视图
俯视图

清式回纹香几

材质：黄花梨

年款：清代（清宫旧藏）

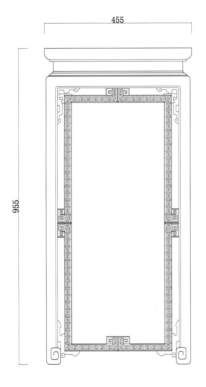

主视图

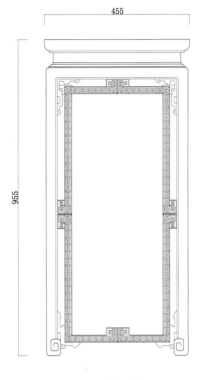

左视图

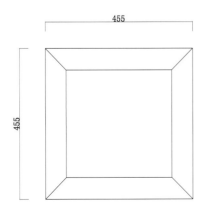

俯视图

图版清单（清式回纹香几）：

主视图

左视图

俯视图

清式回纹灯式香几

材质：紫檀

年款：清代（清宫旧藏）

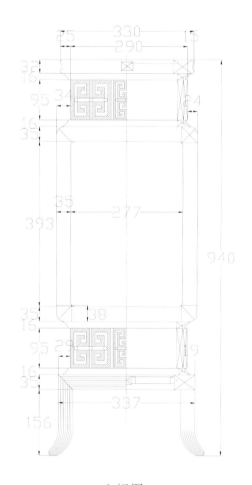

主视图

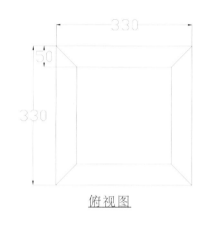

俯视图

剖视图（屉板）

清式回纹灯式香几

材质：紫檀

年款：清代（清宫旧藏）

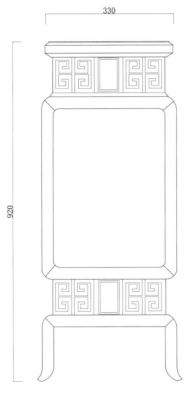

330

920

主视图

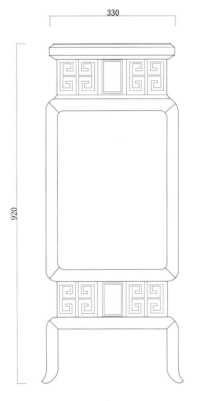

330

920

左视图

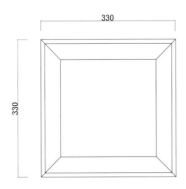

330

330

俯视图

图版清单（清式回纹
灯式香几）：
主视图
左视图
俯视图

清式夔龙纹香几

材质：紫檀

年款：清代（清宫旧藏）

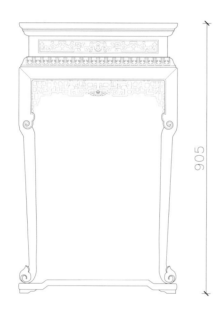

905

主视图

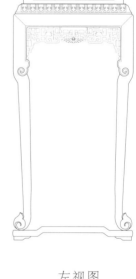

左视图

550

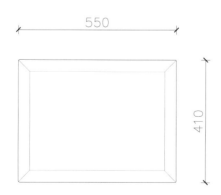

410

俯视图

图版清单（清式夔龙
纹香几）：
主视图
左视图
俯视图

清式方胜形香几

材质：黄花梨

年款：清代（清宫旧藏）

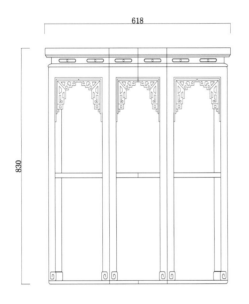

主视图

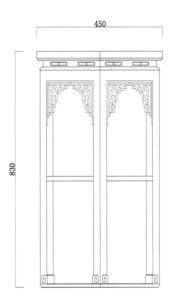

左视图

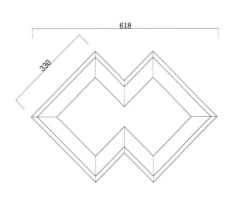

俯视图

清式夔龙纹香几

材质：紫檀

年款：清代（清宫旧藏）

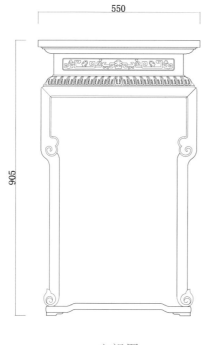

主视图

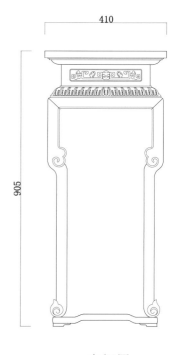

左视图

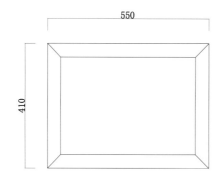

俯视图

图版清单（清式夔龙
纹香几）：
主视图
左视图
俯视图

匠心营造

清式嵌竹丝回纹香几

材质：紫檀

丰款：清代（清宫旧藏）

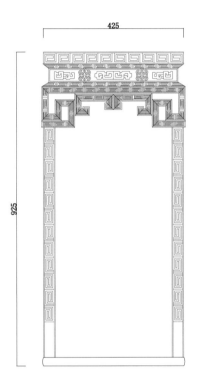

主视图

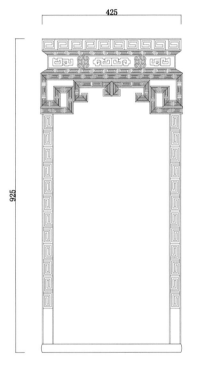

左视图

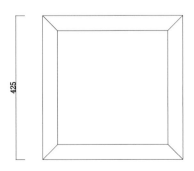

俯视图

图版清单（清式嵌
竹丝回纹香几）：
主视图
左视图
俯视图

清式有束腰回纹香几

材质：紫檀

年款：清代（清宫旧藏）

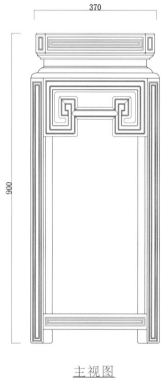

370

900

主视图

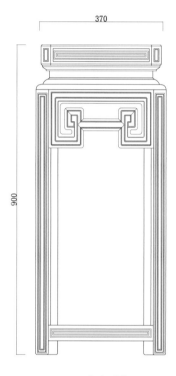

370

900

左视图

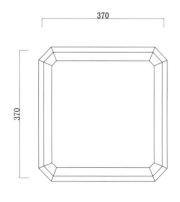

370

370

图版清单（清式有束腰回纹香几）：

主视图

左视图

俯视图

俯视图

清式西番莲纹六方形香几

材质：紫檀

年款：清代

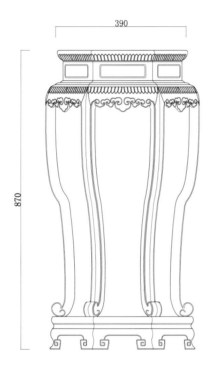

390

870

主视图

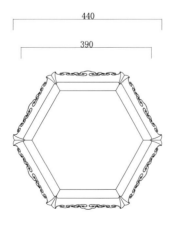

440

390

俯视图

图版清单（清式西番
莲纹六方形香几）：
主视图
俯视图

清式瓶式香几

材质：紫檀

年款：清代

350

1040

主视图

350

1040

左视图

图版清单（清式瓶式
香几）：
主视图
左视图
俯视图

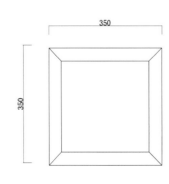

350

350

俯视图

清式三足圆香几

材质：紫檀

年款：清代（清宫旧藏）

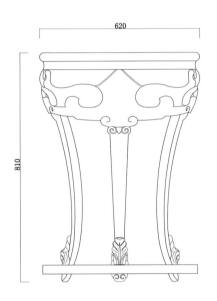

主视图

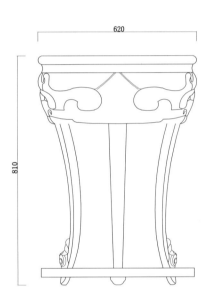

左视图

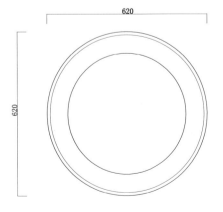

俯视图

注：左视图适当旋转角度。

清式西番莲纹香几

材质：紫檀

丰款：清代

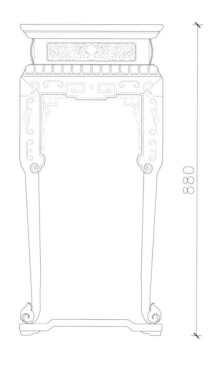

主视图

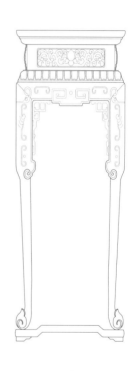

左视图

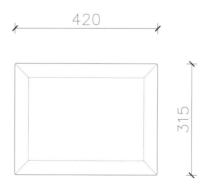

俯视图

图版清单（清式西番
莲纹香几）：
主视图
左视图
俯视图

清式西番莲纹六方形香几

材质：紫檀

丰款：清代

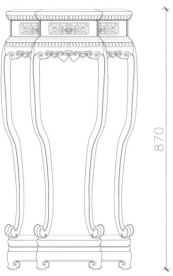
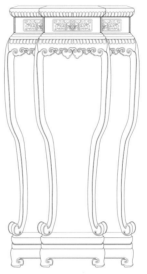

870

主视图

左视图

390

俯视图

图版清单（清式西番
莲纹六方形香几）：
主视图
左视图
俯视图

承具·清代

清式剔红回纹香几

材质：榆木（大漆）

年款：清代

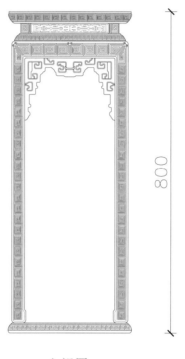

主视图

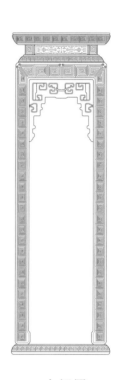

左视图

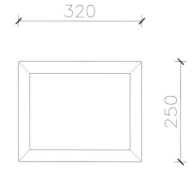

俯视图

图版清单（清式剔红
回纹香几）：
主视图
左视图
俯视图

清式回纹灯式香几

材质：花梨木

年款：清代

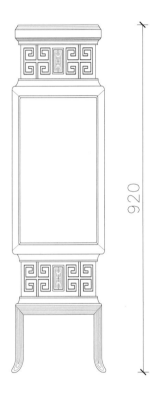

主视图

左视图

920

330

俯视图

图版清单（清式回
纹灯式香几）：
主视图
左视图
俯视图

清式嵌紫檀回纹香几

材质：鸡翅木

年款：清代

主视图

左视图

俯视图

图版清单（清式嵌紫
檀回纹香几）：
主视图
左视图
俯视图

清式绳系玉璧纹香几

材质：瘿木

年款：清代

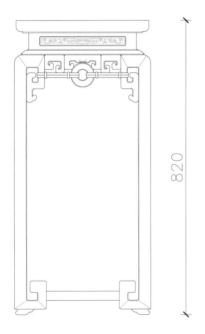

820

主视图

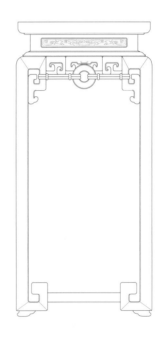

左视图

380

380

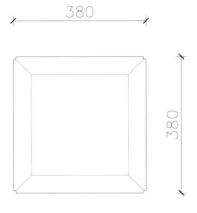

俯视图

图版清单（清式绳系玉璧纹香几）：
主视图
左视图
俯视图

承具·清代

清式荷叶式六足香几

材质：紫檀

丰款：清代

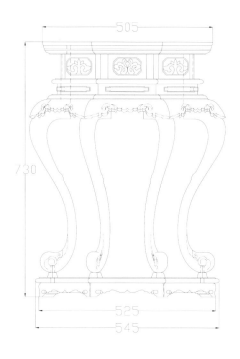

主视图

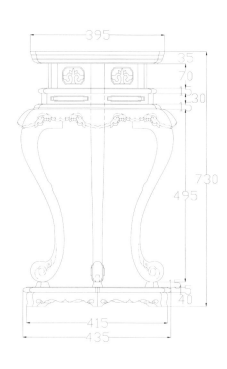

左视图

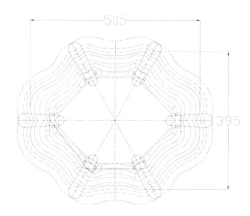

俯视图

清式双层花几

材质：黄花梨

丰款：清代

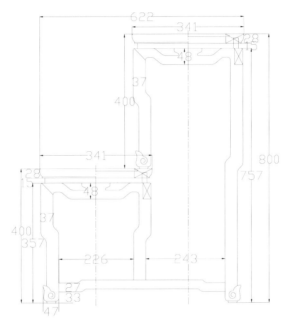

主视图

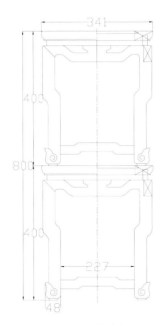

左视图

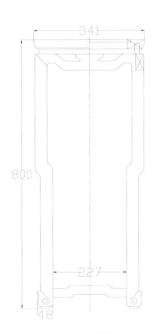

右视图

图版清单（清式双层
花几）：
主视图
左视图
右视图

清式绳系玉璧纹花几

材质：紫檀

丰款：清代（清宫旧藏）

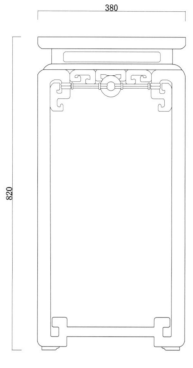

主视图

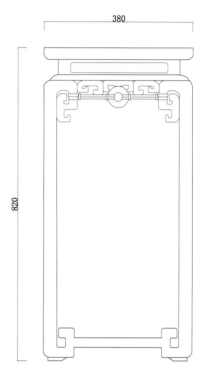

左视图

俯视图

图版清单（清式绳系
玉璧纹花几）：
主视图
左视图
俯视图

清式卷草纹花几

材质：黑酸枝

丰款：清代（清宫旧藏）

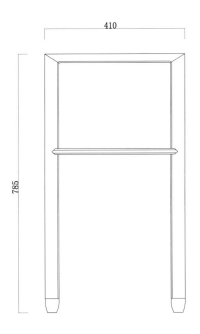

主视图

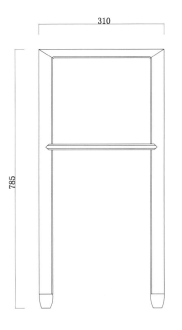

左视图

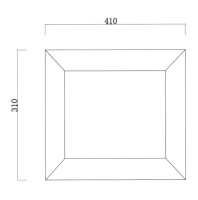

俯视图

注：视图中纹饰略去。

清式拐子夔纹花几

材质：紫檀

年款：清代（清宫旧藏）

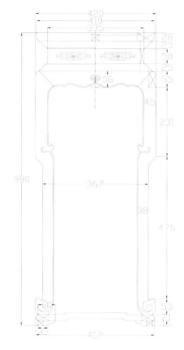

主视图

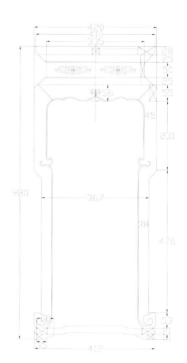

左视图

俯视图

图版清单（清式拐子
夔纹花几）：
主视图
左视图
俯视图

匠心营造

92

清式双龙戏珠纹花几

材质：紫檀

年款：清代

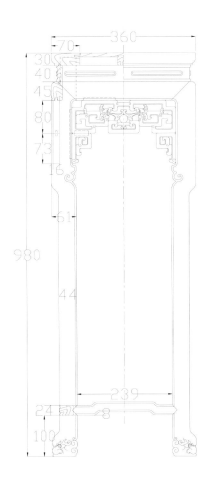

主视图

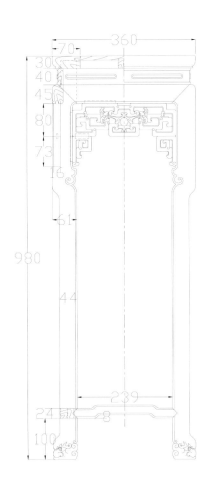

左视图

图版清单（清式双龙
戏珠纹花几）：
主视图
左视图

清式裹腿罗锅枨花几

<u>材质：黄花梨</u>

<u>丰款：清代（清宫旧藏）</u>

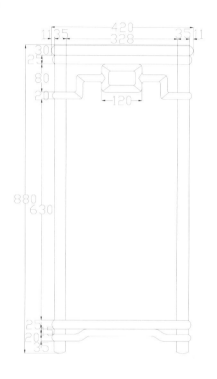

主视图

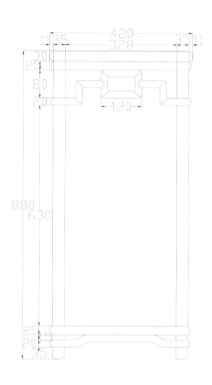

左视图

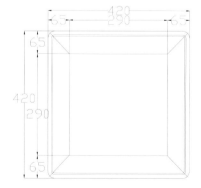

俯视图

图版清单（清式裹腿
罗锅枨花几）：
主视图
左视图
俯视图

清式攒拐子纹花几

材质：紫檀

年款：清代（清宫旧藏）

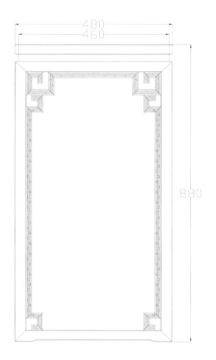

主视图

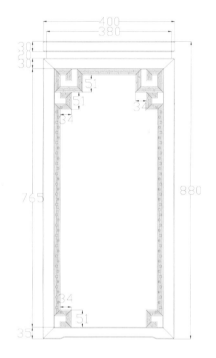

左视图

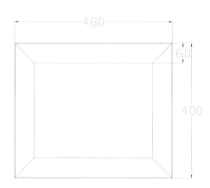

俯视图

图版清单（清式攒拐
子纹花几）：
主视图
左视图
俯视图

清式五足圆花几

材质：紫檀

年款：清代（清宫旧藏）

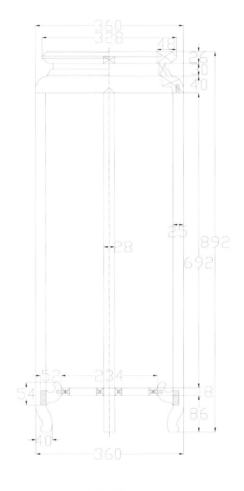

主视图

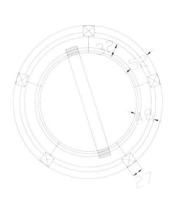

俯视图

剖视图

图版清单（清式五足
圆花几）：
主视图
俯视图
剖视图

匠心营造

清式高低花几

材质：黄花梨

年款：清代（清宫旧藏）

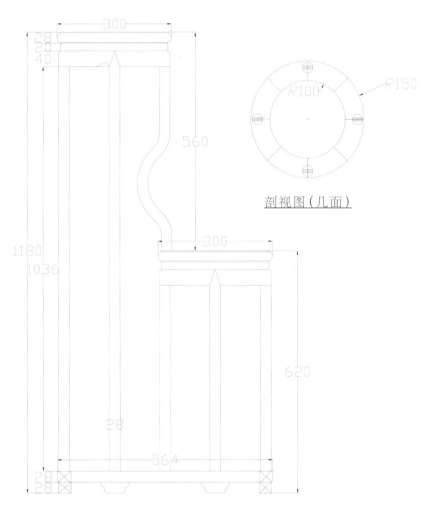

300

28
28
40

560

1180
1036

300

620

28

564

28
28

R100   R150

剖视图（几面）

主视图

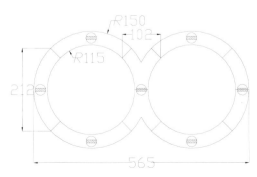

R150
102
R115

212

565

俯视图

图版清单（清式高
低花几）：
主视图
剖视图（几面）
俯视图

清式如意云纹高花几

材质：黄花梨

年款：清代

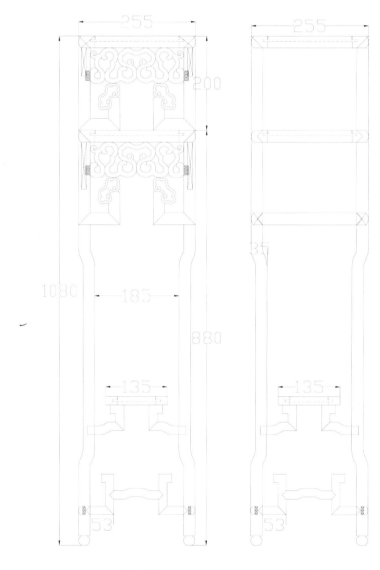

主视图   左视图

图版清单（清式如意
云纹高花几）：
主视图
左视图

清式如意双钱纹花几

材质：白酸枝

丰款：清代

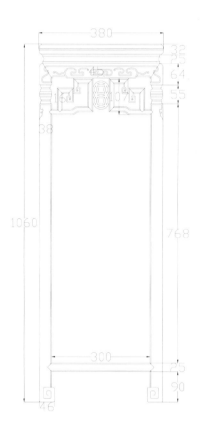

主视图

左视图

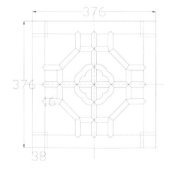

剖视图

清式如意纹展腿花几

材质：紫檀

年款：清代（清宫旧藏）

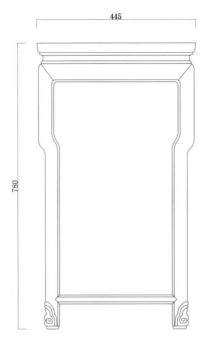

445

780

主视图

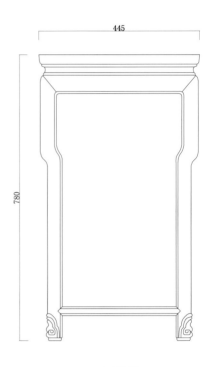

445

780

左视图

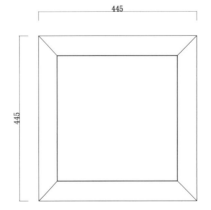

445

445

俯视图

图版清单（清式如意
纹展腿花几）：
主视图
左视图
俯视图

注：视图中纹饰略去。

清式有束腰马蹄足花几

材质：紫檀

丰款：清代（清宫旧藏）

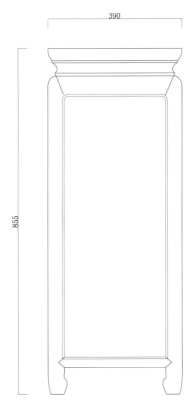

主视图

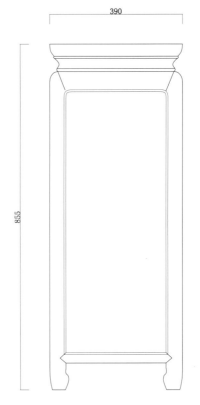

左视图

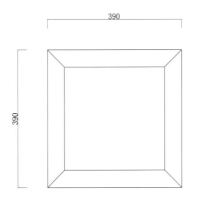

俯视图

图版清单（清式有束
腰马蹄足花几）：
主视图
左视图
俯视图

清式有束腰花几

材质：紫檀

年款：清代（清宫旧藏）

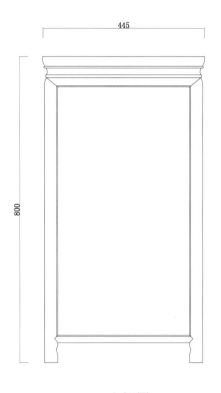

445

800

主视图

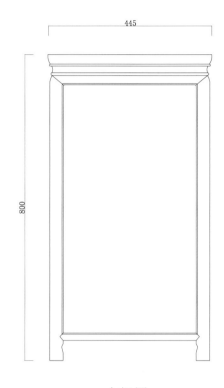

445

800

左视图

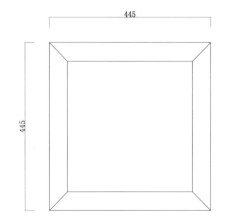

445

445

俯视图

图版清单（清式有束腰花几）：
主视图
左视图
俯视图

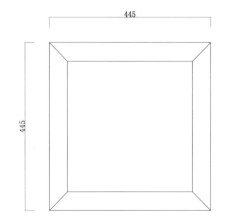

清式玉璧拐子纹小花几

材质：黑酸枝

丰款：清代（清宫旧藏）

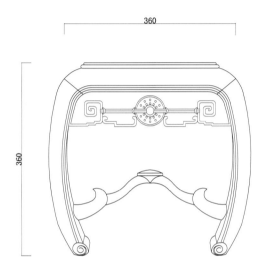

主视图

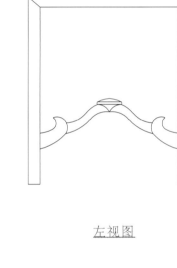

左视图

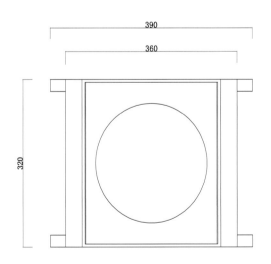

俯视图

图版清单（清式玉璧
拐子纹小花几）：
主视图
左视图
俯视图

103

清式简素方花几

材质：紫檀

丰款：清代

主视图

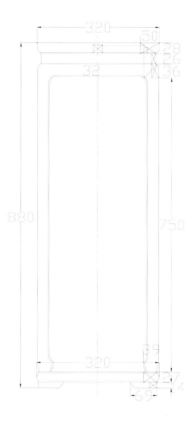

左视图

俯视图

图版清单（清式简素
方花几）：
主视图
左视图
俯视图

清式回纹牙条花几

材质：紫檀

年款：清代

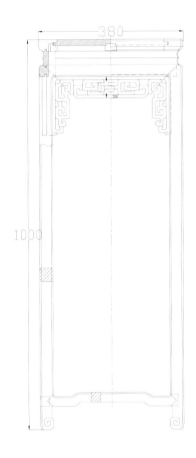

主视图

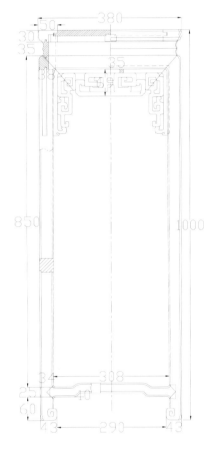

左视图

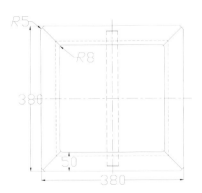

俯视图

图版清单（清式回
纹牙条花几）：
主视图
左视图
俯视图

清式拐子卷云纹花几

<u>材质：紫檀</u>

<u>年款：清代</u>

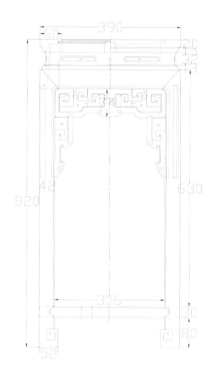

主视图

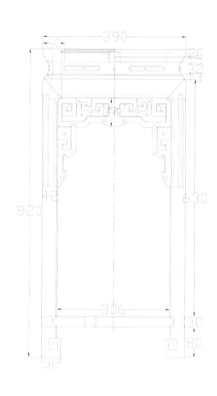

左视图

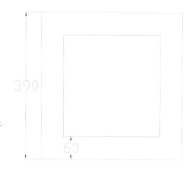

俯视图

图版清单（清式拐子
卷云纹花几）：
主视图
左视图
俯视图

清式四足罗锅枨花几

材质：黄花梨

年款：清代

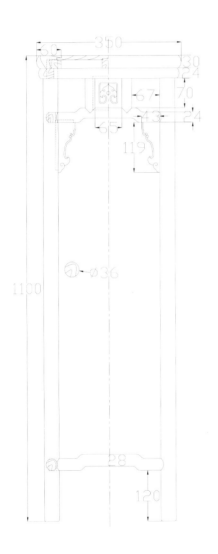

主视图

左视图

图版清单（清式四足
罗锅枨花几）：
主视图
左视图

清式高束腰展腿茶几

材质：紫檀

丰款：清代

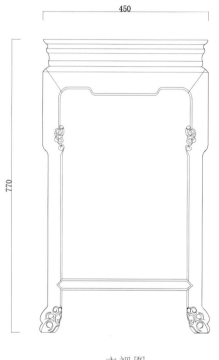

450

770

主视图

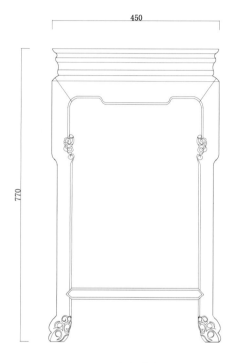

450

770

左视图

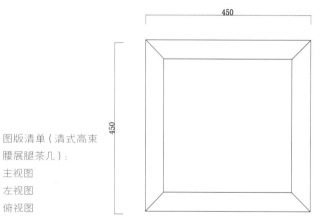

450

450

图版清单（清式高束腰展腿茶几）：

主视图

左视图

俯视图

俯视图

清式卷云纹茶几

材质：红酸枝

年款：清代（清宫旧藏）

主视图

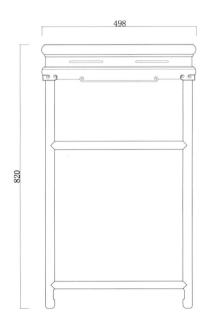

左视图

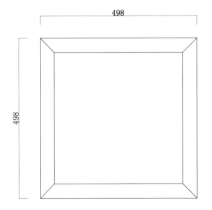

俯视图

图版清单（清式卷云
纹茶几）：
主视图
左视图
俯视图

清式高束腰展腿茶几

材质：紫檀

丰款：清代

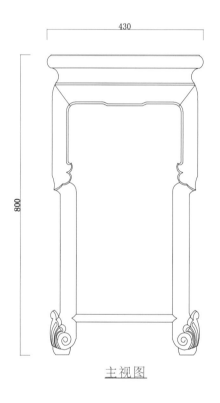

主视图

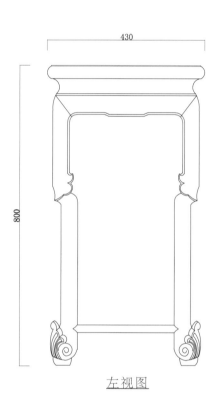

左视图

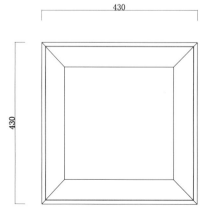

俯视图

图版清单（清式高束
腰展腿茶几）：
主视图
左视图
俯视图

清式交叉腿茶几

材质：紫檀

年款：清代

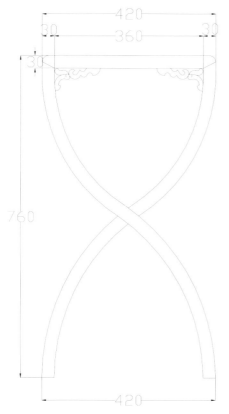

主视图

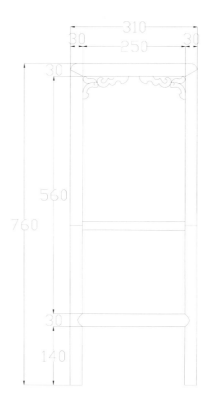

左视图

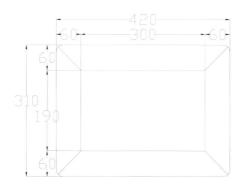

俯视图

清式六足三弯腿花几

材质：黄花梨

丰款：清代

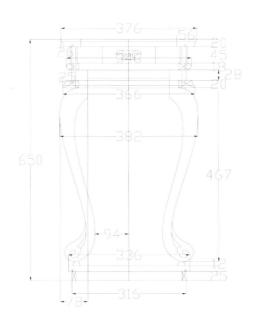

主视图

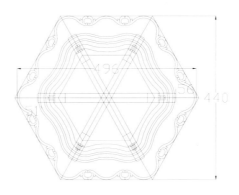

俯视图

图版清单（清式六足
三弯腿花几）：
主视图
俯视图

清式雕花六足花几

材质：黄花梨

年款：清代

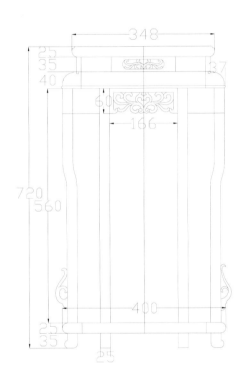

主视图

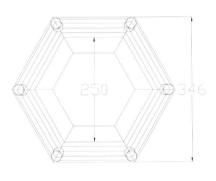

俯视图

图版清单（清式雕花
六足花几）：
主视图
俯视图

清式罗锅枨铜套足酒桌

材质：紫檀

丰款：清代

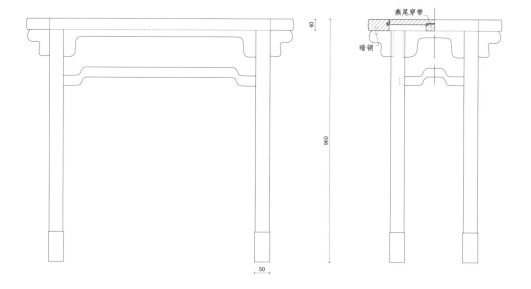

主视图

左视图

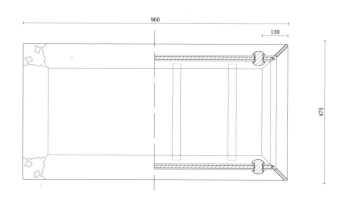

俯视图

细节图

注：细节图为腿和牙板相交处的剖视图。

清式灵芝纹酒桌

材质：黄花梨

丰款：清代（清宫旧藏）

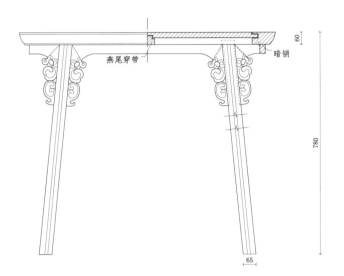

燕尾穿带

暗销

60

780

65

主视图

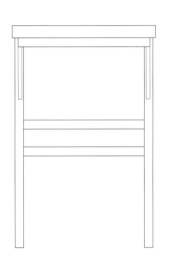

左视图

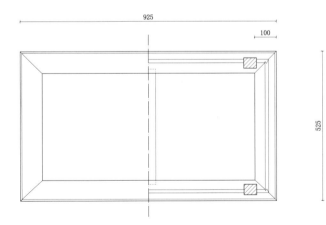

925

100

525

俯视图

细节图

图版清单（清式灵芝
纹酒桌）：
主视图
左视图
俯视图
细节图

注：细节图为腿和面板相交处的剖视图。

清式云纹牙板酒桌

材质：花梨木

年款：清代（清宫旧藏）

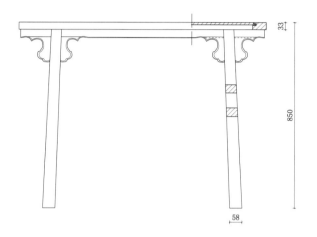

主视图

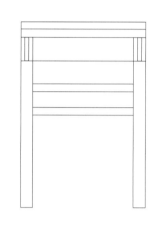

左视图

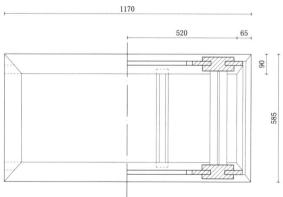

俯视图

细节图

注：细节图为腿与面板相交处的剖视图。

清式素牙板罗锅枨酒桌

材质：黄花梨

年款：清代（清宫旧藏）

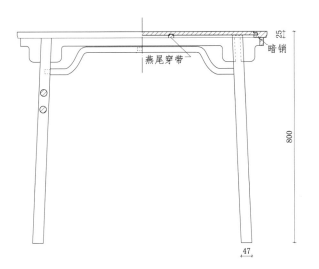

燕尾穿带

暗销

25

800

47

主视图

左视图

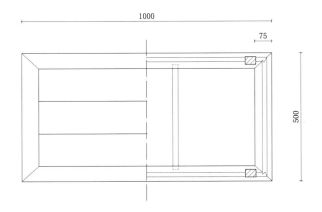

1000

75

500

俯视图

细节图

注：细节图为腿和面板相交处的剖视图。

清式云头纹酒桌

材质：紫檀

年款：清代（清宫旧藏）

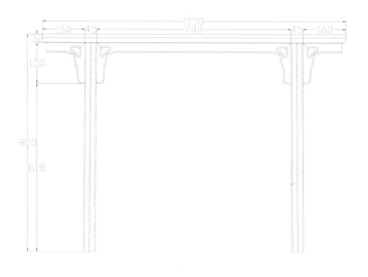

主视图

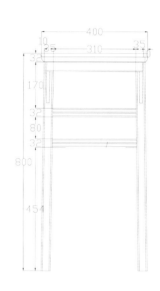

左视图

俯视图

细节图 1

细节图 2

图版清单（清式云头
纹酒桌）：
主视图
左视图
俯视图
细节图 1
细节图 2

注：细节图 1 为腿部剖面图，细节图 2 为横枨剖面图。

清式云纹牙头带屉板酒桌

材质：黄花梨

年款：清代（清宫旧藏）

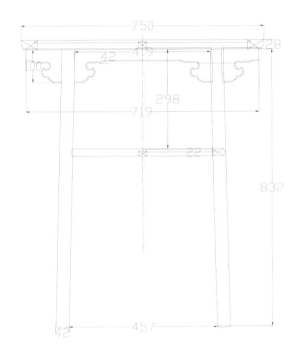

主视图

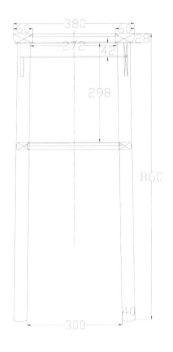

左视图

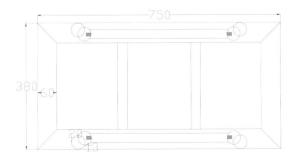

俯视图

清式卷草纹半圆桌

材质：紫檀

年款：清代（清宫旧藏）

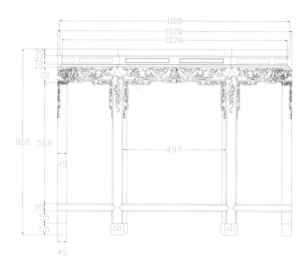

主视图

细节图

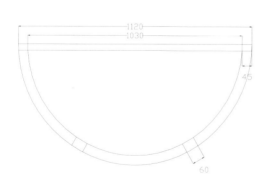

俯视图

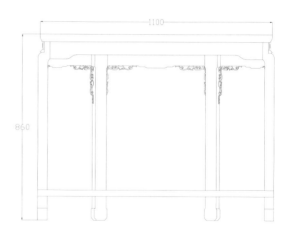

后视图

图版清单（清式卷草
纹半圆桌）：
主视图
细节图
俯视图
后视图

注：细节图为腿子主视图。

清式卷云纹半圆桌

材质：紫檀

年款：清代（清宫旧藏）

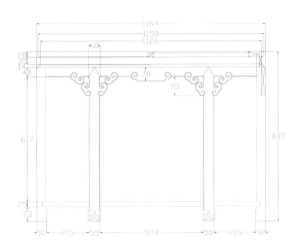

主视图

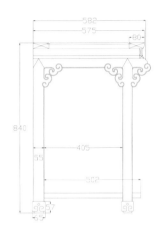

左视图

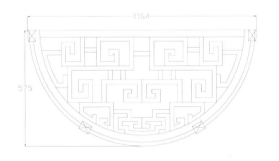

俯视图

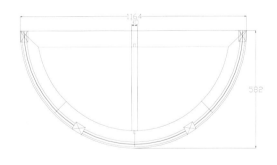

剖视图

图版清单（清式卷
云纹半圆桌）：
主视图
左视图
俯视图
剖视图

注：主视图为更好表现纹样，故腿子以饰面展示。

清式雕花外翻马蹄足半圆桌

材质：紫檀

丰款：清代（清宫旧藏）

主视图

左视图

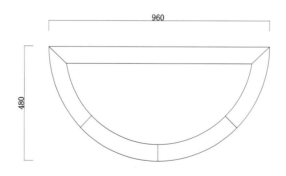

俯视图

图版清单（清式雕花
外翻马蹄足半圆桌）：
主视图
左视图
俯视图

清式拐子卷云纹半圆桌

材质：紫檀

丰款：清代（清宫旧藏）

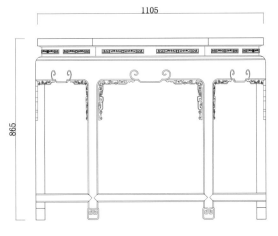

1105

865

主视图

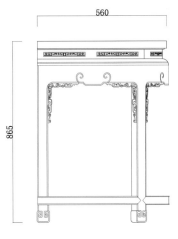

560

865

左视图

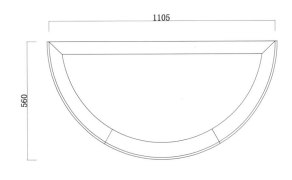

1105

560

俯视图

图版清单（清式拐子
卷云纹半圆桌）：
主视图
左视图
俯视图

清式灵芝纹方桌

材质：老红木

年款：清代（清宫旧藏）

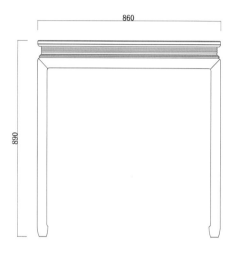

860

890

主视图

860

890

左视图

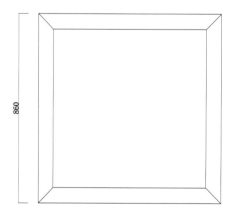

860

俯视图

图版清单（清式灵芝
纹方桌）：

主视图
左视图
俯视图

注：视图中纹饰略去。

清式卷草拐子纹方桌

材质：紫檀

丰款：清代（清宫旧藏）

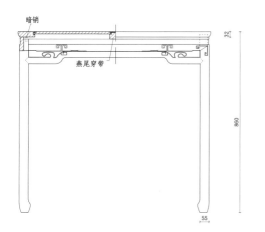

主视图

左视图

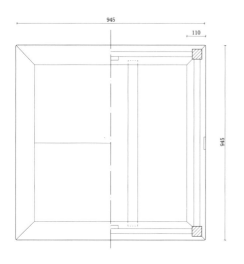

俯视图

透视图

图版清单（清式卷草拐子纹方桌）：

主视图
左视图
俯视图
透视图

注：为了便于读者理解，增加透视图。纹饰以透视图为准，透视图侧牙板纹饰略去。

清式拐子螭龙纹方桌

材质：紫檀

丰款：清代（清宫旧藏）

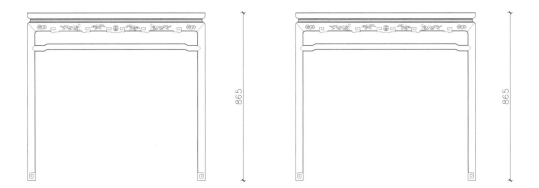

865

865

主视图　　　　　　　　　　左视图

950

俯视图

透视图

图版清单（清式拐子
螭龙纹方桌）：
主视图
左视图
俯视图
透视图

注：为了便于读者理解，增加透视图。纹饰以透视图为准，透视图侧牙板纹饰略去。

清式卷云纹方桌

材质：紫檀

年款：清代（清宫旧藏）

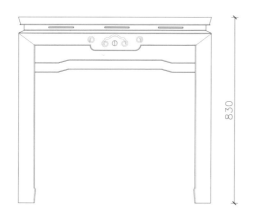

主视图

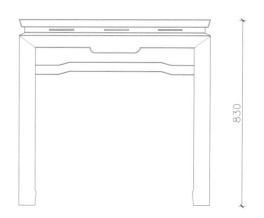

左视图

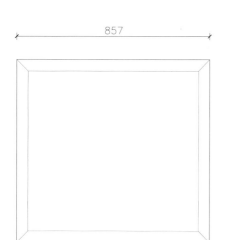

俯视图

透视图

图版清单（清式卷云纹方桌）：

主视图
左视图
俯视图
透视图

注：为了便于读者理解，增加透视图。纹饰以透视图为准，透视图侧牙板纹饰略去。

清式素角牙方桌

材质：紫檀

丰款：清代（清宫旧藏）

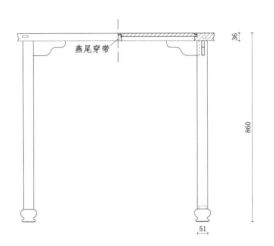

燕尾穿带

36

860

51

主视图

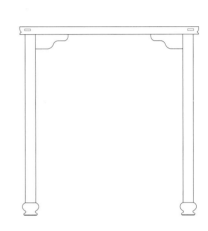

左视图

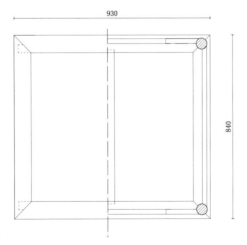

930

840

俯视图

透视图

注：为了便于读者理解，增加透视图。

匠心营造

清式一腿三牙高罗锅枨方桌

材质：榉木

丰款：清代（清宫旧藏）

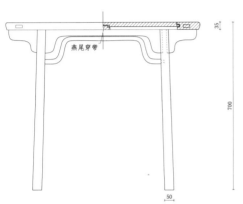

主视图

左视图

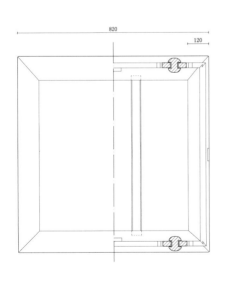

俯视图

透视图

图版清单（清式一腿
三牙高罗锅枨方桌）：
主视图
左视图
俯视图
透视图

注：为了便于读者理解，增加透视图。

清式罗锅枨加矮老小方桌

材质：紫檀

年款：清代（清宫旧藏）

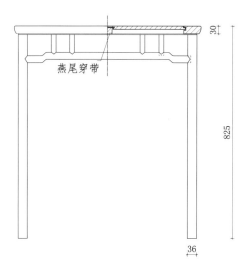

燕尾穿带

30

825

36

主视图　　　　　　　　　　　　　　　　　左视图

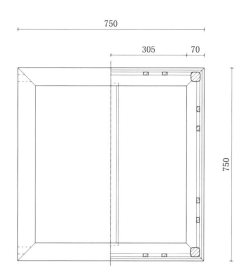

750

305　　70

750

俯视图

图版清单（清式罗锅
枨加矮老小方桌）：
主视图
左视图
俯视图

清式罗锅枨加矮老方桌

材质：黄花梨

丰款：清代（清宫旧藏）

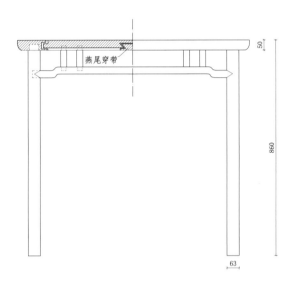

燕尾穿带

50

860

63

主视图

左视图

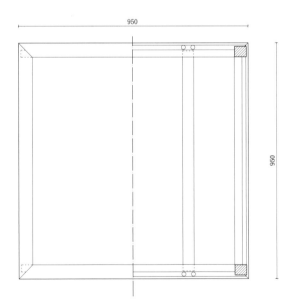

950

950

俯视图

清式喷面式罗锅枨方桌

材质：紫檀

年款：清代（清宫旧藏）

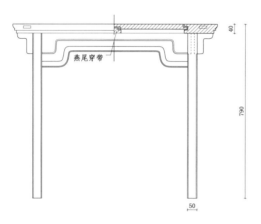

主视图

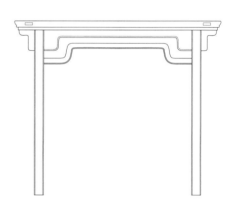

左视图

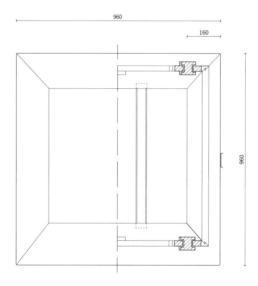

俯视图

图版清单（清式喷面
式罗锅枨方桌）：
主视图
左视图
俯视图

清式团螭纹卡子花方桌

材质：紫檀

丰款：清代（清宫旧藏）

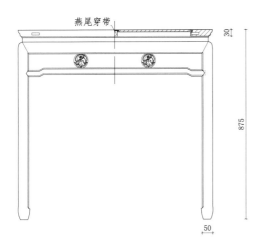

燕尾穿带

30

875

50

主视图

左视图

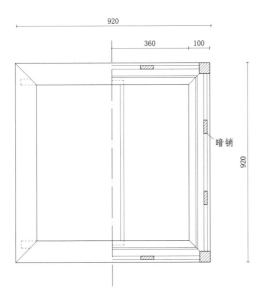

920

360   100

暗销

920

俯视图

清式攒牙子方桌

材质：黄花梨

年款：清代（清宫旧藏）

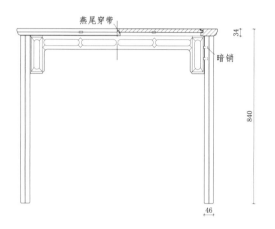

主视图

左视图

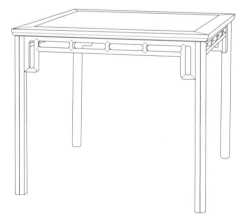

透视图

图版清单（清式攒牙
子方桌）：
主视图
左视图
透视图

注：为了便于读者理解，增加透视图。

清式回纹牙头方桌

材质：紫檀

丰款：清代（清宫旧藏）

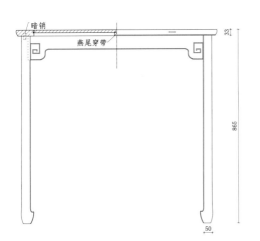

暗销
燕尾穿带
33
865
50

主视图

左视图

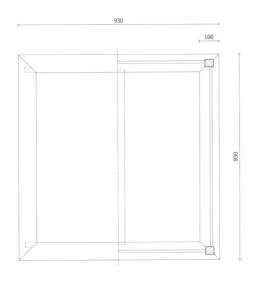

930
100
930

俯视图

清式螭龙纹角牙霸王枨方桌

材质：紫檀

丰款：清代（清宫旧藏）

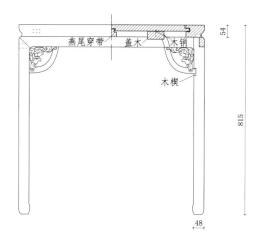

燕尾穿带　盖木　木销

木楔

54

815

48

主视图

左视图

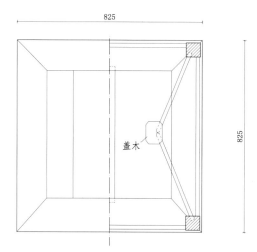

825

825

盖木

俯视图

清式夔龙纹角牙暗屉方桌

材质：紫檀

年款：清代（清宫旧藏）

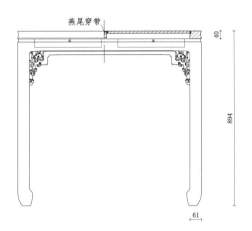

燕尾穿带

40

894

61

主视图

A

左视图

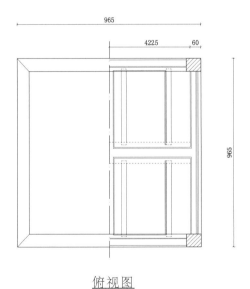

965

422.5

60

965

俯视图

A

细节图（A 剖）

图版清单（清式夔龙纹角
牙暗屉方桌）：

主视图

左视图

俯视图

细节图（A 剖）

清式攒拐子玉璧纹方桌

材质：紫檀

年款：清代（清宫旧藏）

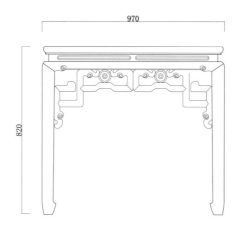

主视图

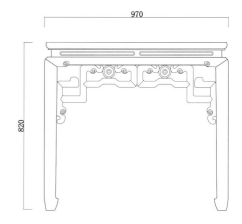

左视图

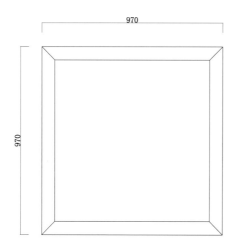

俯视图

图版清单（清式攒拐
子玉璧纹方桌）：
主视图
左视图
俯视图

清式霸王枨有束腰方桌

材质：紫檀

年款：清代（清宫旧藏）

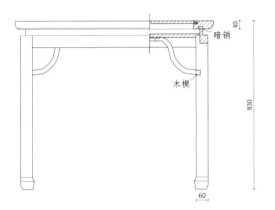

40
暗销
木楔
830
60

主视图

左视图

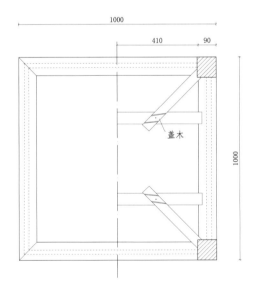

1000
410
90
盖木
1000

俯视图

透视图

图版清单（清式霸王
枨有束腰方桌）：
主视图
左视图
俯视图
透视图

注：为了便于读者理解，增加透视图。

清式卷草纹方桌

材质：紫檀

丰款：清代（清宫旧藏）

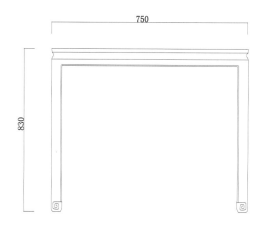

主视图

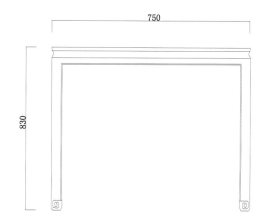

左视图

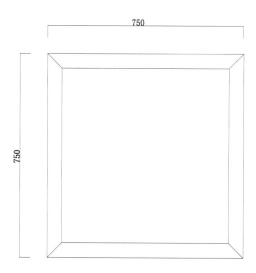

俯视图

图版清单（清式卷草
纹方桌）：
主视图
左视图
俯视图

注：视图中纹饰略去。

清式罗锅枨加如意纹卡子花方桌

材质：黄花梨

年款：清代

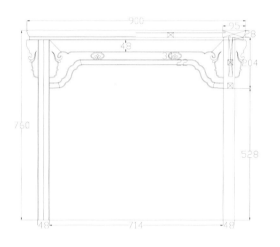

主视图

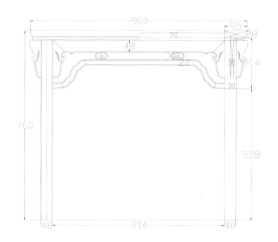

左视图

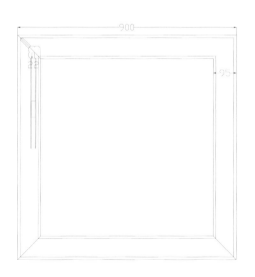

俯视图

图版清单（清式罗锅枨加如意纹卡子花方桌）：
主视图
左视图
俯视图

141

清式黑漆方桌

材质：榆木（大漆）

丰款：清代（清宫旧藏）

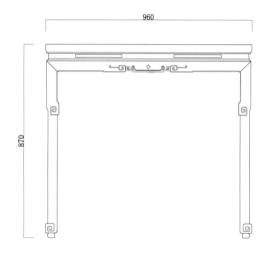

主视图

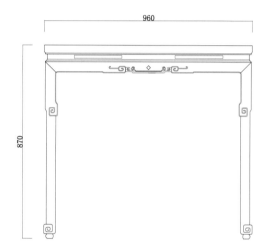

左视图

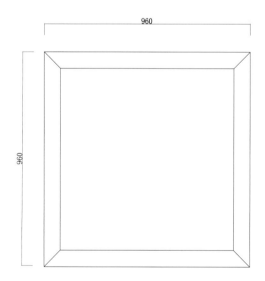

俯视图

图版清单（清式黑漆
方桌）：
主视图
左视图
俯视图

匠心营造

142

清式回纹方桌

材质：紫檀

年款：清代（清宫旧藏）

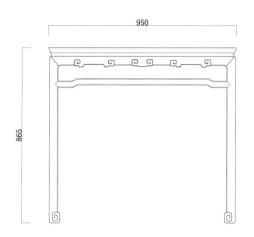

主视图

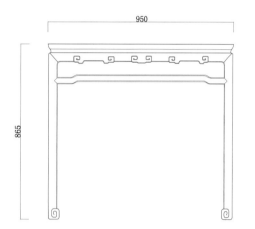

左视图

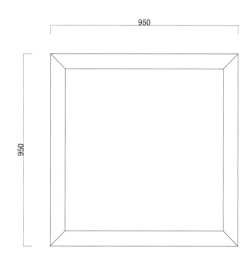

俯视图

清式嵌云石面带抽屉方桌

材质：紫檀

年款：清代（清宫旧藏）

主视图

左视图

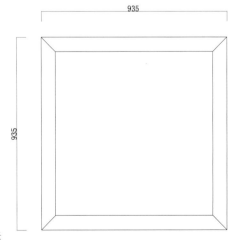

俯视图

图版清单（清式嵌云
石面带抽屉方桌）：
主视图
左视图
俯视图

清式罗锅枨暗屉方桌

材质：紫檀

年款：清代（清宫旧藏）

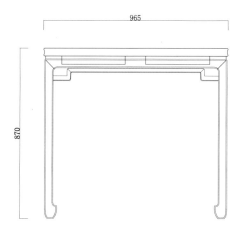

965

870

主视图

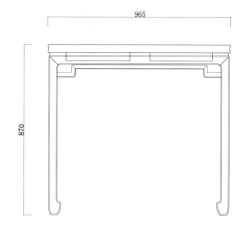

965

870

左视图

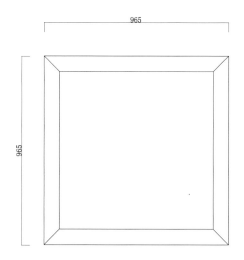

965

965

俯视图

清式绳系玉璧纹条几

材质：紫檀

年款：清乾隆（清宫旧藏）

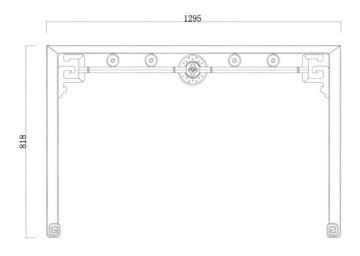

1295

818

主视图

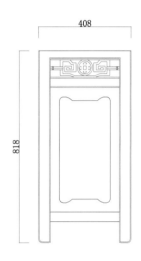

408

818

左视图

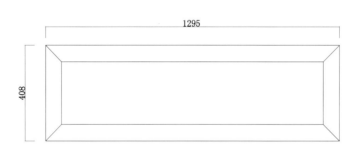

1295

408

俯视图

图版清单（清式绳系
玉璧纹条几）：
主视图
左视图
俯视图

清式云纹半桌

材质：紫檀

年款：清代（清宫旧藏）

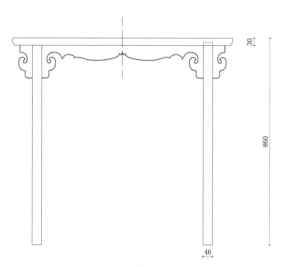

主视图

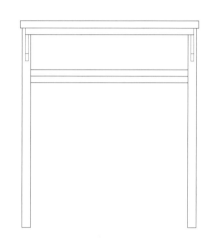

左视图

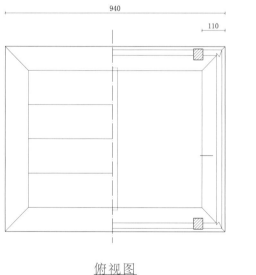

俯视图

透视图

注：为了便于读者理解，增加透视图。

清式蕉叶纹条桌

材质：紫檀

年款：清代（清宫旧藏）

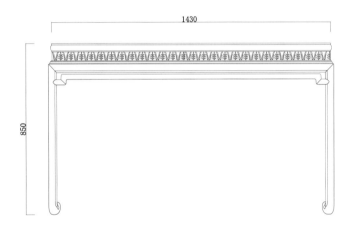

1430

850

主视图

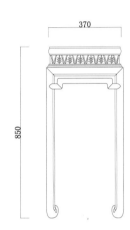

370

850

左视图

1430

370

俯视图

图版清单（清式蕉叶
纹条桌）：
主视图
左视图
俯视图

清式拐子纹条桌

材质：紫檀

丰款：清代（清宫旧藏）

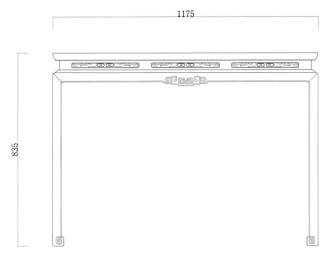

1175

835

主视图

385

835

左视图

1175

385

俯视图

图版清单（清式拐子
纹条桌）：
主视图
左视图
俯视图

清式西番莲纹铜包角条桌

材质：紫檀

丰款：清代（清宫旧藏）

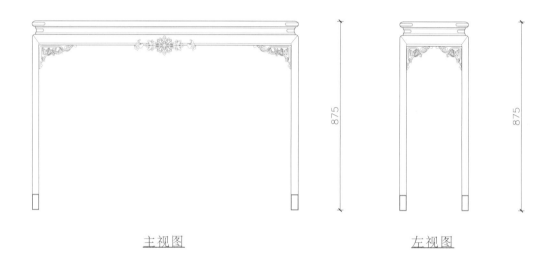

主视图   左视图

875

875

1274

320

俯视图

图版清单（清式西番
莲纹铜包角条桌）：
主视图
左视图
俯视图

清式螭龙纹四面平条桌

材质：紫檀

年款：清代（清宫旧藏）

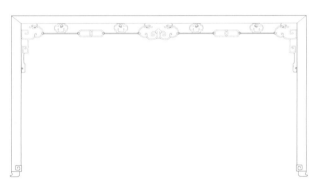

主视图

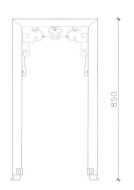

左视图

850

850

1600

470

俯视图

图版清单（清式螭龙
纹四面平条桌）：
主视图
左视图
俯视图

清式回纹条桌

材质：花梨木

年款：清代（清宫旧藏）

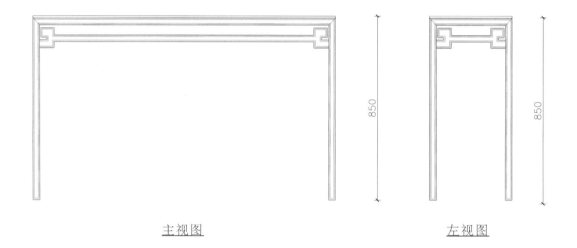

主视图　　　　　　　　　　左视图

俯视图

图版清单（清式回纹
条桌）：
主视图
左视图
俯视图

清式曲尺罗锅枨条桌

材质：紫檀

年款：清代（清宫旧藏）

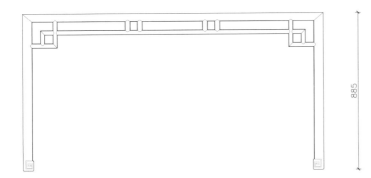

885

主视图

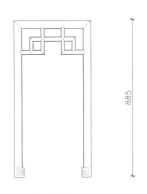

885

左视图

1740

450

俯视图

清式填漆戗金万字勾莲花纹条桌

材质：紫檀

年款：清代（清宫旧藏）

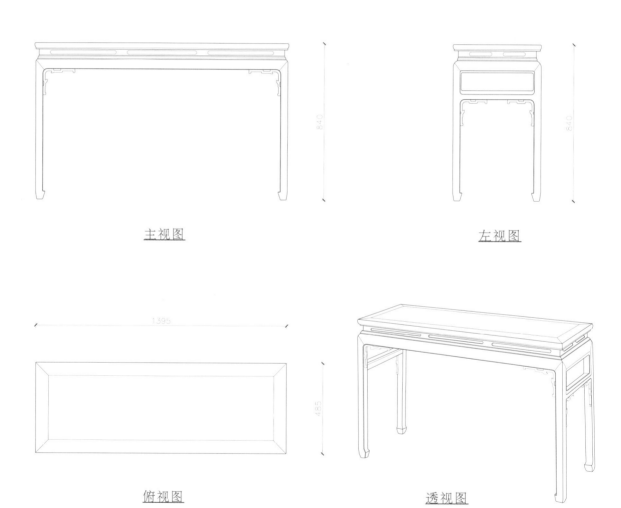

主视图

左视图

俯视图

透视图

图版清单（清式填漆
戗金万字勾莲花纹
条桌）：
主视图
左视图
俯视图
透视图

注：视图中纹饰略去。为了便于读者理解，增加透视图。

清式嵌桦木回纹条桌

材质：紫檀

年款：清代（清宫旧藏）

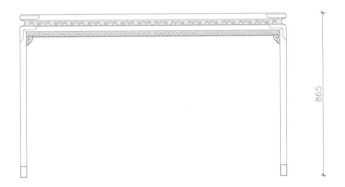

865

主视图

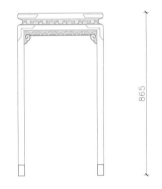

865

左视图

1450

475

俯视图

清式拐子云纹条桌

材质：老红木

年款：清代（清宫旧藏）

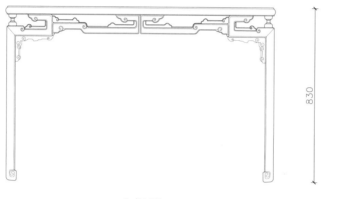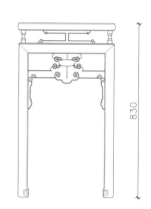

主视图   左视图

俯视图

清式蕉叶纹洼堂肚牙板条桌

材质：紫檀

年款：清代（清宫旧藏）

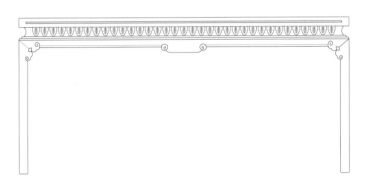

850

主视图

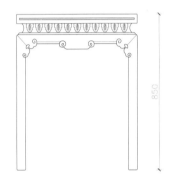

850

左视图

1850

685

俯视图

清式嵌湘妃竹拐子纹漆面条桌

材质：紫檀

年款：清代（清宫旧藏）

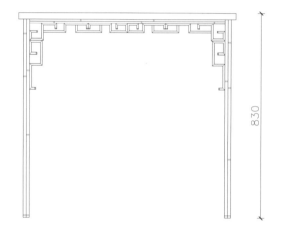

主视图

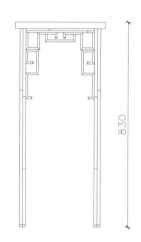

左视图

830

830

920

380

俯视图

图版清单（清式嵌湘
妃竹拐子纹漆面条
桌）：
主视图
左视图
俯视图

158

清式攒拐子纹牙条条桌

材质：老红木

年款：清代（清宫旧藏）

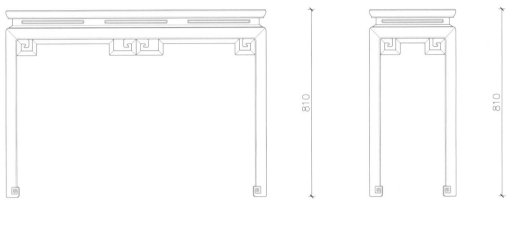

810

主视图

810

左视图

1160

390

俯视图

清式嵌大理石面罗锅枨条桌

材质：黄花梨

丰款：清代（清宫旧藏）

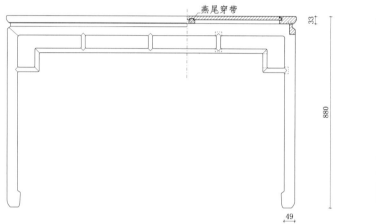

燕尾穿带

33

880

49

主视图

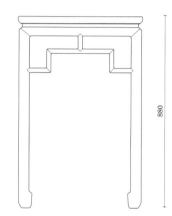

880

左视图

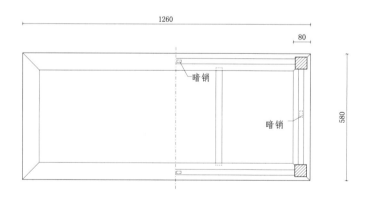

1260

80

暗销

暗销

580

俯视图

图版清单（清式嵌大
理石面罗锅枨条桌）：
主视图
左视图
俯视图

清式螭龙纹罗锅枨条桌

材质：紫檀

丰款：清代（清宫旧藏）

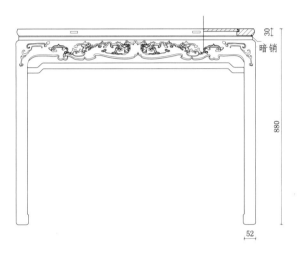

主视图

左视图

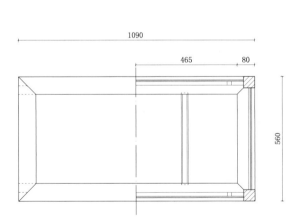

俯视图

透视图

图版清单（清式螭
龙纹罗锅枨条桌）：
主视图
左视图
俯视图
透视图

—————————
注：为了便于读者理解，增加透视图。

清式团螭纹两屉条桌

材质：黄花梨

丰款：清代（清宫旧藏）

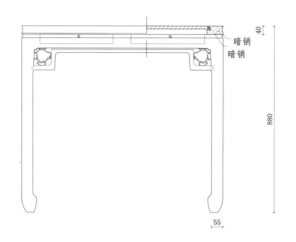

暗销
暗销

主视图

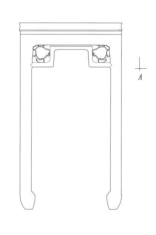

左视图

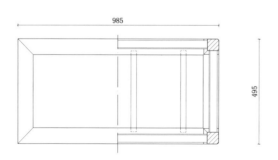

俯视图

细节图（A 剖）

图版清单（清式团螭
纹两屉条桌）：
主视图
左视图
俯视图
细节图（A 剖）

清式壶门牙板条桌

材质：紫檀

丰款：清代（清宫旧藏）

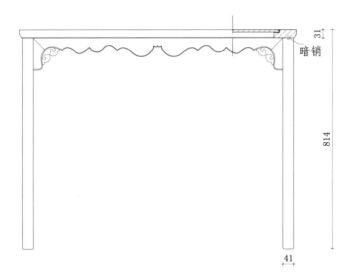

31

暗销

814

41

主视图

左视图

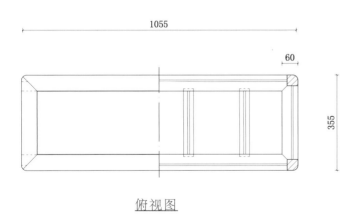

1055

60

355

俯视图

图版清单（清式壶门
牙板条桌）：
主视图
左视图
俯视图

清式夔龙纹铜包角条桌

材质： 紫檀

年款： 清代（清宫旧藏）

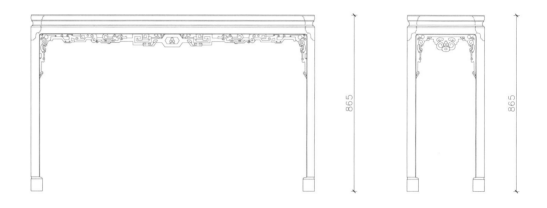

主视图 　　　　　　　　　　　　　　　　左视图

865

865

1440

390

俯视图

图版清单（清式夔龙
纹铜包角条桌）：
主视图
左视图
俯视图

清式罗锅枨有束腰条桌

材质：黄花梨

年款：清代（清宫旧藏）

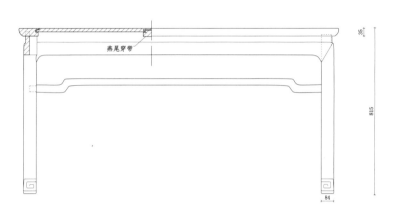

燕尾穿带

35

815

84

主视图

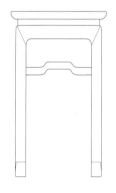

左视图

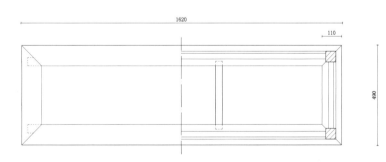

1620

110

490

俯视图

图版清单（清式罗锅
枨有束腰条桌）：
主视图
左视图
俯视图

清式拐子纹内翻马蹄足条桌

材质：紫檀

年款：清代（清宫旧藏）

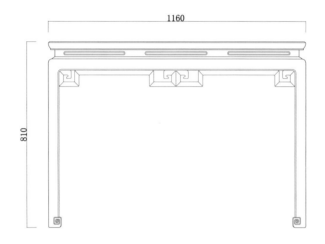

主视图

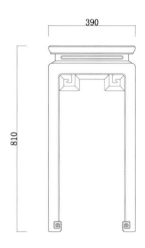

左视图

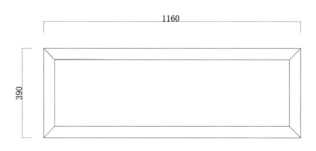

俯视图

图版清单（清式拐子
纹内翻马蹄足条桌）：
主视图
左视图
俯视图

清式有束腰炮仗洞开光条桌

材质：紫檀

年款：清代（清宫旧藏）

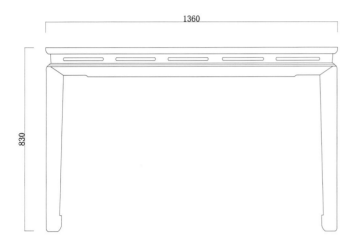

830

1360

主视图

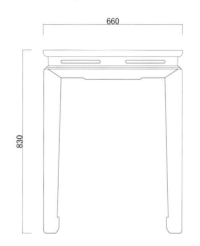

830

660

左视图

660

俯视图

承具·清代

清式拐子纹卡子花条桌

材质：紫檀

丰款：清代（清宫旧藏）

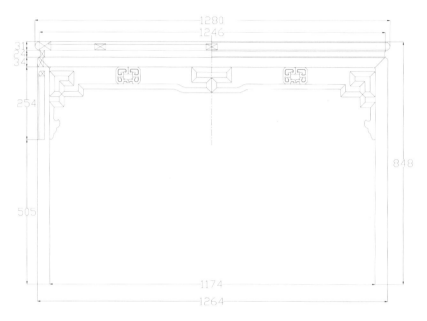

1280
1246
31
32
32
254
505
1174
1264
848

主视图

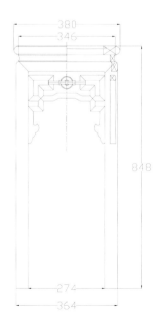

380
346
848
274
364

左视图

清式绳系玉璧纹条桌

材质：紫檀

年款：清代（清宫旧藏）

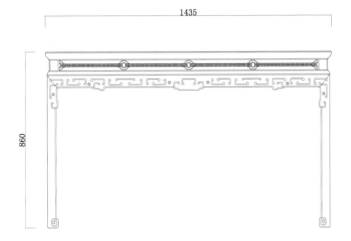

主视图

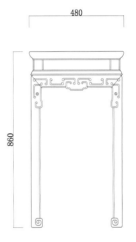

左视图

俯视图

图版清单（清式绳系玉璧纹条桌）：
主视图
左视图
俯视图

清式宝珠纹条桌

材质：柏木

年款：清乾隆（清宫旧藏）

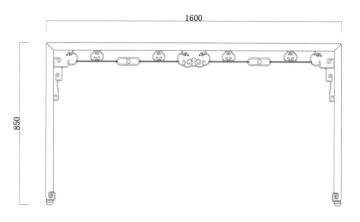

主视图

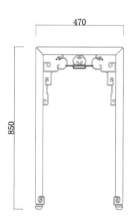

左视图

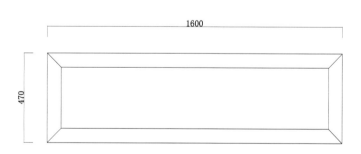

俯视图

图版清单（清式宝珠
纹条桌）：
主视图
左视图
俯视图

注：视图中略去宝珠纹。

清式蝙蝠拐子纹条桌

材质：紫檀

年款：清代（清宫旧藏）

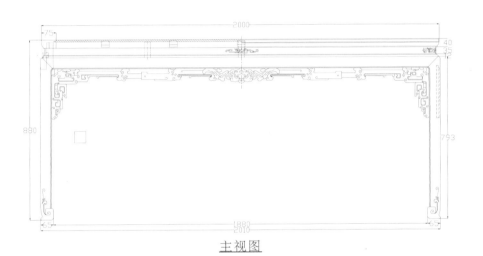

主视图

俯视图

左视图

图版清单（清式蝙
蝠拐子纹条桌）：
主视图
俯视图
左视图

清式内翻回纹马蹄足条桌

材质：黄花梨

年款：清代（清宫旧藏）

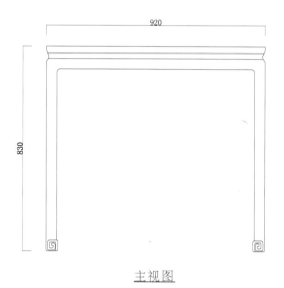

主视图

左视图

俯视图

图版清单（清式内翻
回纹马蹄足条桌）：
主视图
左视图
俯视图

清式罗锅枨加矮老小条桌

材质：紫檀

年款：清代（清宫旧藏）

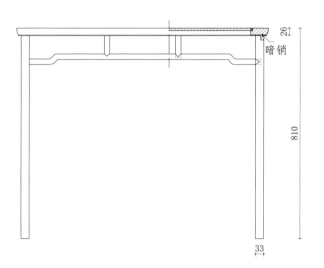

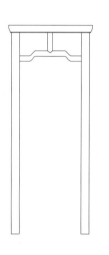

26
暗销
810
33

主视图

左视图

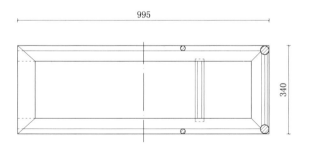

995
340

俯视图

图版清单（清式罗锅
枨加矮老小条桌）：
主视图
左视图
俯视图

清式内翻马蹄足小条桌

材质：紫檀

年款：清代（清宫旧藏）

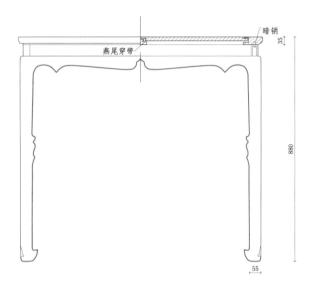

主视图

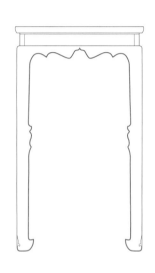

左视图

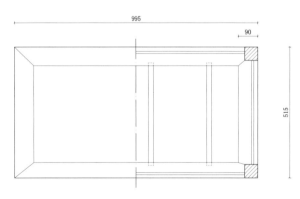

俯视图

图版清单（清式内翻
马蹄足小条桌）：
主视图
左视图
俯视图

清式如意拐子纹条案

材质：紫檀

年款：清代

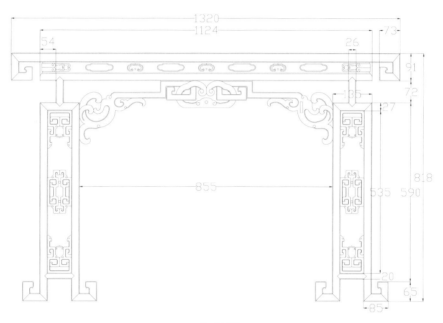

主视图

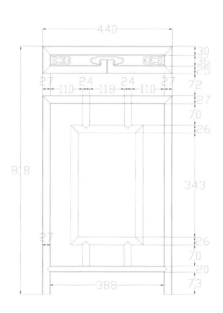

左视图

图版清单（清式如
意拐子纹条案）：
主视图
左视图

清式卷书式夔龙纹雕花条案

材质：紫檀

丰款：清代（清宫旧藏）

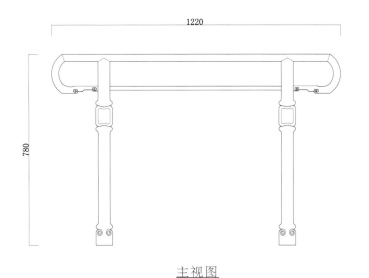

主视图　　　　　　　　　　　左视图

俯视图

图版清单（清式卷书
式夔龙纹雕花条案）：
主视图
左视图
俯视图

注：视图中略去夔龙纹。

清式卷云纹条案

材质：花梨木

年款：清代（清宫旧藏）

主视图

左视图

俯视图

图版清单（清式卷云
纹条案）：

主视图

左视图

俯视图

清式壶门牙板条案

材质：紫檀

丰款：清代（清宫旧藏）

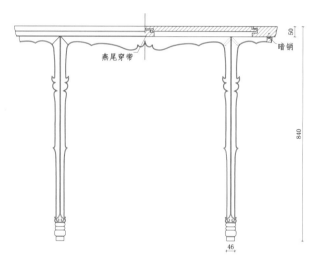

燕尾穿带

暗销

50

840

46

主视图

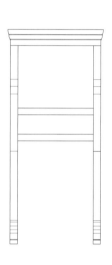

左视图

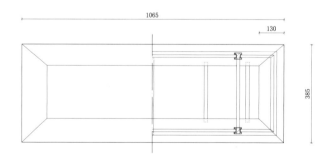

1065

130

385

俯视图

图版清单（清式壶门
牙板条案）：
主视图
左视图
俯视图

清式夔龙纹卷书式条案

材质：黄花梨

年款：清代（清宫旧藏）

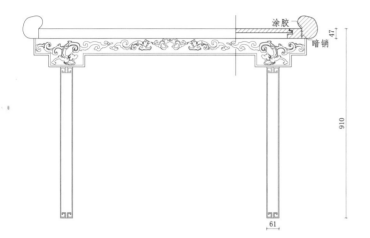

主视图

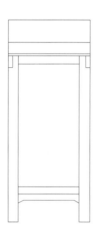

左视图

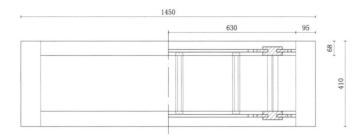

俯视图

清式福禄寿条案

材质：紫檀

年款：清代（清宫旧藏）

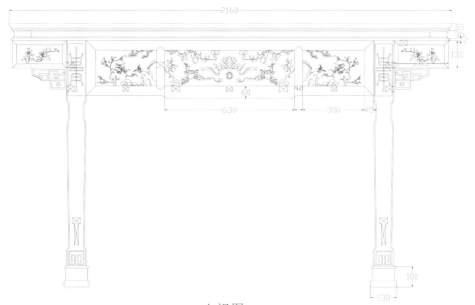

主视图

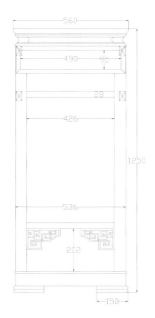

左视图

图版清单（清式福禄
寿条案）：
主视图
左视图

匠心营造

清式螭龙纹条案

材质：鸡翅木

年款：清代（清宫旧藏）

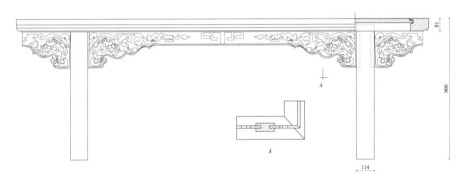

主视图

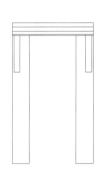

左视图

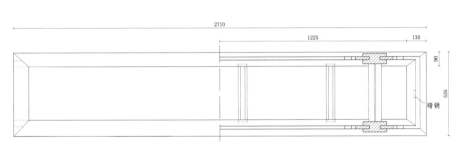

俯视图

图版清单（清式螭龙
纹条案）：
主视图
左视图
俯视图

承具·清代

181

清式嵌铁力木条案

材质：花梨木

年款：清代（清宫旧藏）

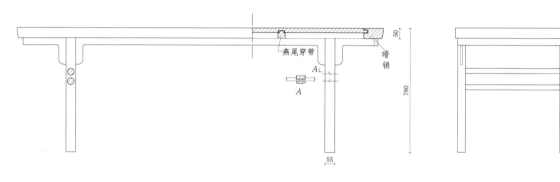

燕尾穿带　暗销

50

780

55

主视图　　　　　　　　　　　　左视图

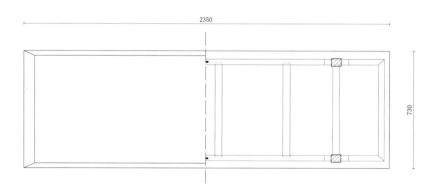

2350

730

俯视图

图版清单（清式嵌铁
力木条案）：
主视图
左视图
俯视图

清式云龙寿字纹方桌

材质：紫檀

手款：清代（清宫旧藏）

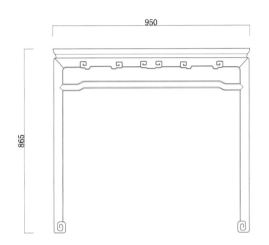

主视图

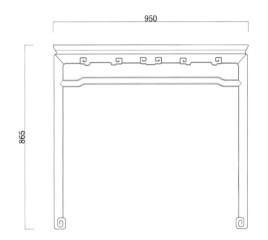

左视图

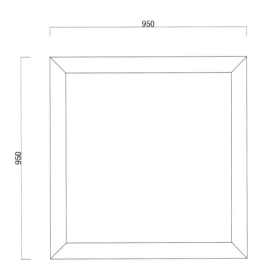

俯视图

注：视图中部分纹饰略去。

清式嵌花梨木条案

材质：乌木

年款：清代（清宫旧藏）

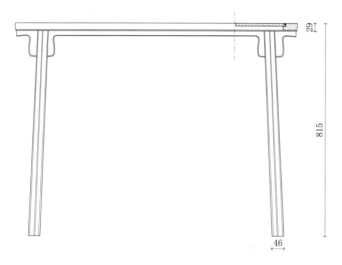

主视图

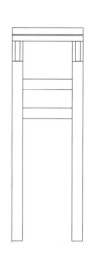

左视图

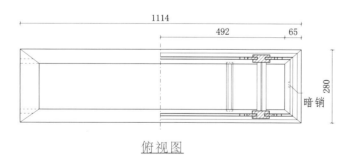

俯视图

图版清单（清式嵌花
梨木条案）：
主视图
左视图
俯视图

清式透雕凤纹条案

材质：紫檀

年款：清代（清宫旧藏）

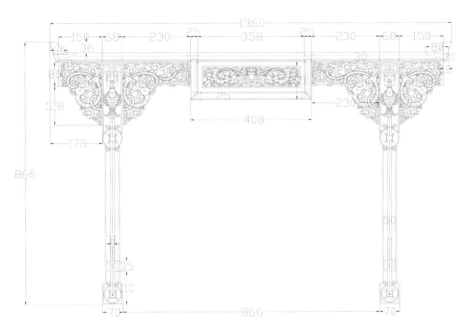

主视图

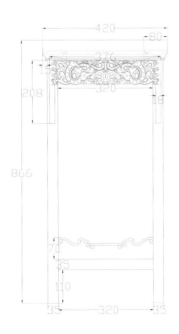

左视图

清式卷勾纹外翻足条案

材质：紫檀

丰款：清代（清宫旧藏）

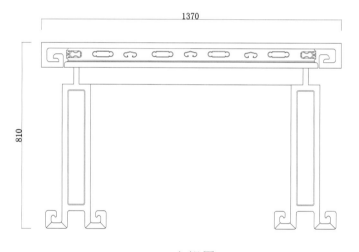

主视图

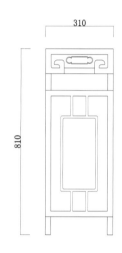

左视图

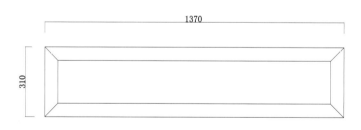

俯视图

清式素面条案

材质：榉木

年款：清代（清宫旧藏）

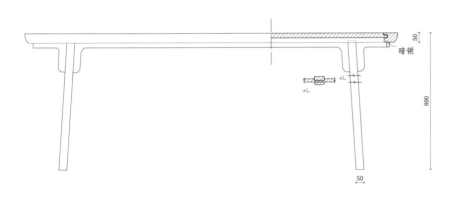

主视图

左视图

俯视图

清式云头牙子条案

材质：紫檀

丰款：清代（清宫旧藏）

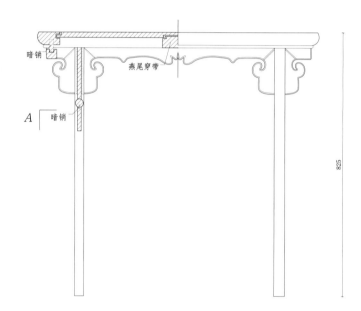

暗销

燕尾穿带

A 暗销

825

主视图

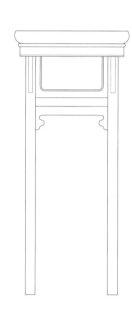

左视图

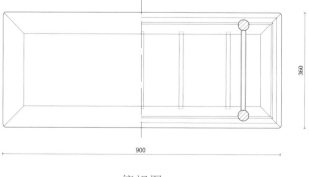

360

900

俯视图

A

细节图

图版清单（清式云头
牙子条案）：
主视图
左视图
俯视图
细节图

注：细节图为腿部剖视图。

清式卷草云纹条案

材质：紫檀

年款：清代（清宫旧藏）

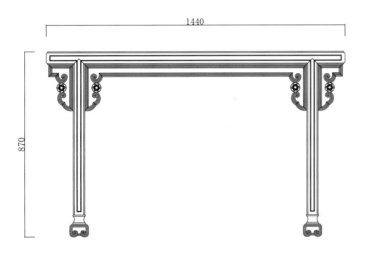

主视图

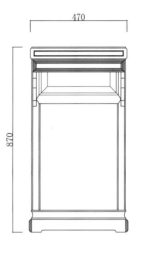

左视图

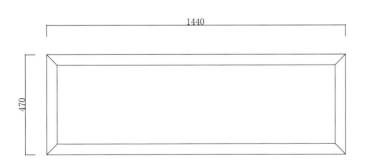

俯视图

清式夹头榫直腿小条案

材质：紫檀

年款：清代（清宫旧藏）

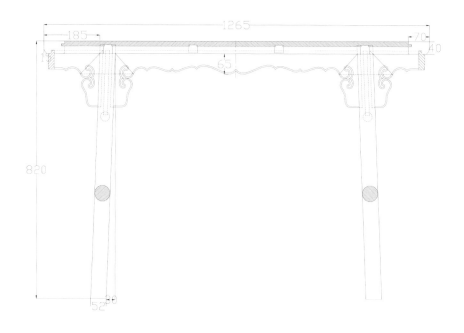

主视图

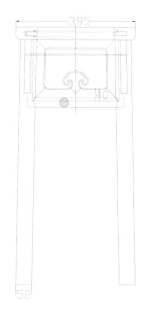

细节图

左视图

图版清单（清式夹
头榫直腿小条案）：
主视图
左视图
细节图

清式瓜棱腿小平头案

材质：楠木

年款：清代（清宫旧藏）

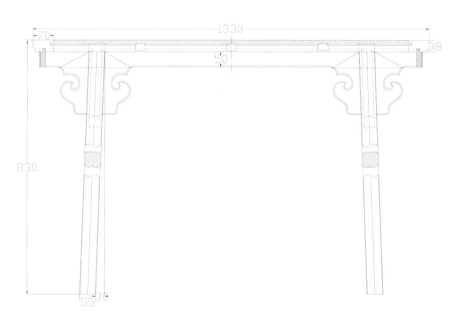

主视图

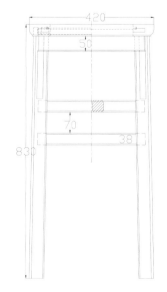

左视图

剖视图

图版清单（清式瓜棱腿小平头案）：
主视图
左视图
剖视图

清式卷草柿叶纹平头案

材质：紫檀

年款：清代（清宫旧藏）

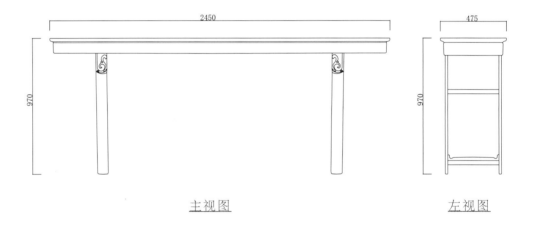

主视图　　　　　　　　　　　左视图

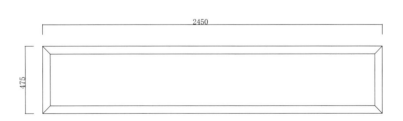

俯视图

图版清单（清式卷草
柿叶纹平头案）：
主视图
左视图
俯视图

注：视图中纹饰略去。

清式如意云头纹平头案

材质：花梨木

年款：清代（清宫旧藏）

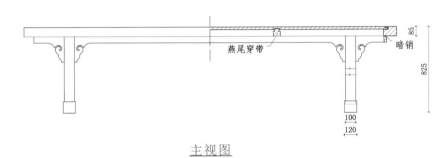

燕尾穿带

暗销

85

825

100
120

主视图

左视图

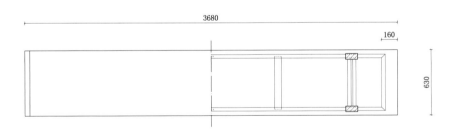

3680

160

630

俯视图

承具·清代

图版清单（清式如意
云头纹平头案）：
主视图
左视图
俯视图

193

清式龙纹挡板平头案

材质：紫檀

年款：清代（清宫旧藏）

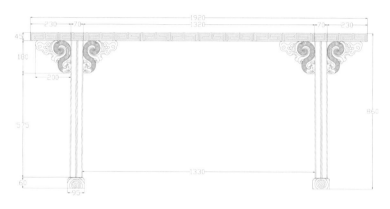

主视图

左视图

俯视图

图版清单（清式龙纹
挡板平头案）：
主视图
左视图
俯视图

清式勾云拐子纹平头案

材质：紫檀

丰款：清代（清宫旧藏）

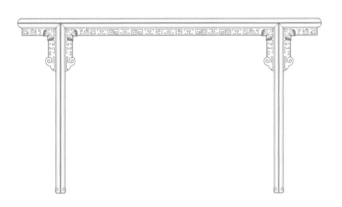

主视图

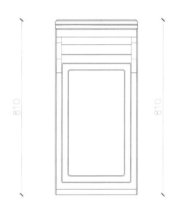

左视图

俯视图

图版清单（清式勾云
拐子纹平头案）：
主视图
左视图
俯视图

承具·清代

清式卷书纹小翘头案

材质：老红木

年款：清代

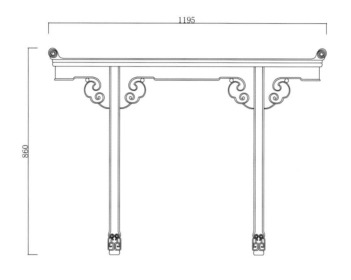

主视图

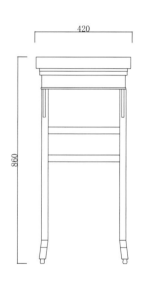

左视图

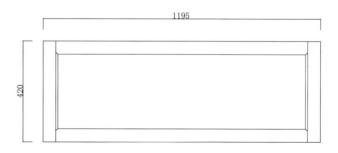

俯视图

图版清单（清式卷书
纹小翘头案）：
主视图
左视图
俯视图

清式龙凤纹翘头案

材质：黄花梨

年款：清代（清宫旧藏）

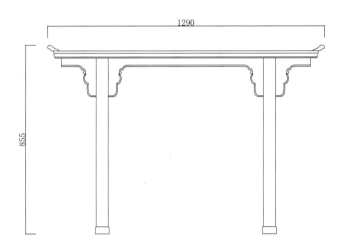

1290

855

主视图

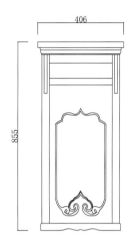

406

855

左视图

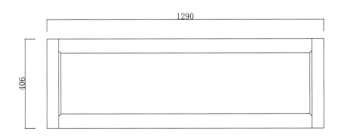

1290

406

俯视图

注：视图中龙凤纹略去。

清式象纹翘头案

材质：铁力木

年款：清代（清宫旧藏）

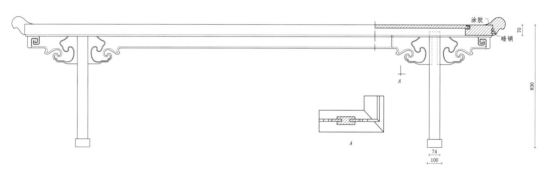

主视图

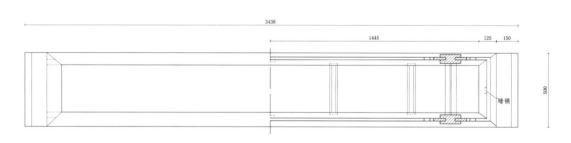

俯视图

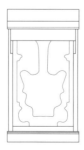

左视图

图版清单（清式象纹
翘头案）：
主视图
俯视图
左视图

注：视图中纹饰略去。

清式螭龙纹翘头案

材质：铁力木

年款：清代（清宫旧藏）

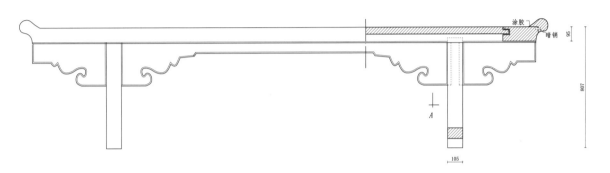

主视图

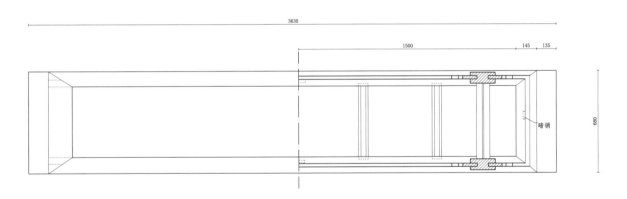

俯视图

左视图

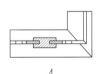

细节图

图版清单（清式螭龙
纹翘头案）：

主视图

俯视图

左视图

细节图

注：视图中纹饰略去。细节图为腿部与面板相交处的剖视图。

清式香炉足翘头案

材质：铁力木

年款：清代（清宫旧藏）

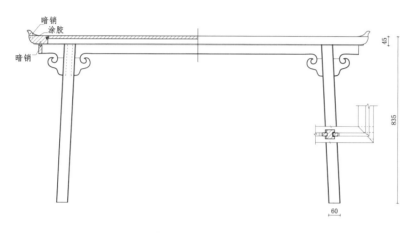

主视图

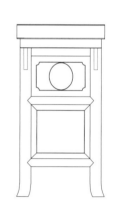

左视图

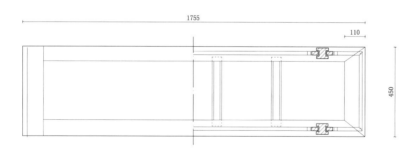

俯视图

图版清单（清式香炉
足翘头案）：
主视图
左视图
俯视图

清式云纹牙头翘头案

材质：花梨木

年款：清代（清宫旧藏）

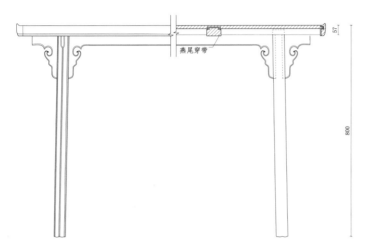

燕尾穿带

57

800

主视图

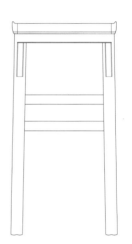

左视图

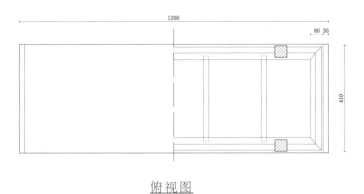

1200

80　30

410

俯视图

承具·清代

图版清单（清式云纹
牙头翘头案）：
主视图
左视图
俯视图

201

清式灵芝纹翘头案

材质：黄花梨

丰款：清代（清宫旧藏）

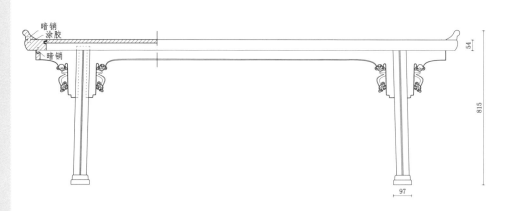

暗销
涂胶
暗销

54

815

97

主视图

左视图

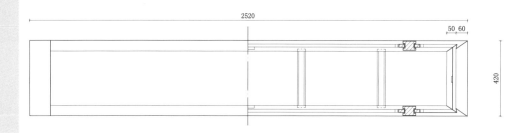

2520

50 60

420

俯视图

图版清单（清式灵芝
纹翘头案）：
主视图
左视图
俯视图
透视图

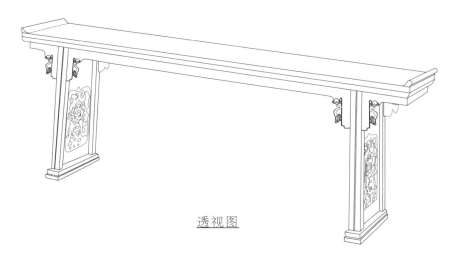

透视图

注：为了便于读者理解，增加透视图。

清式双螭纹翘头案

材质：花梨木

年款：清代（清宫旧藏）

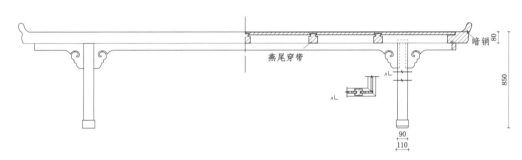

燕尾穿带

暗销

80

850

90
110

主视图

左视图

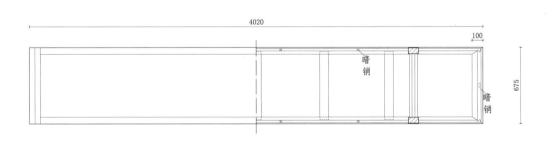

4020

100

暗销

675

暗销

俯视图

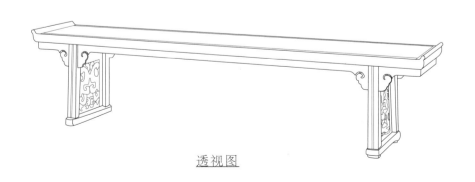

透视图

图版清单（清式双
螭纹翘头案）：
主视图
左视图
俯视图
透视图

注：为了便于读者理解，增加透视图。

清式梯子枨翘头案

材质：榉木

丰款：清代（清宫旧藏）

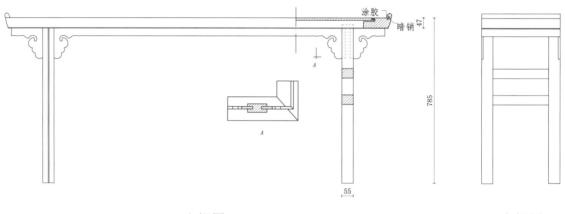

主视图   左视图

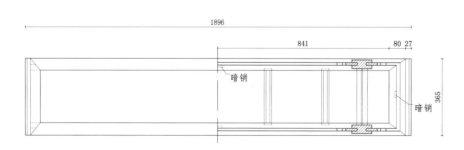

俯视图

图版清单（清式梯子
枨翘头案）：
主视图
左视图
俯视图

匠心营造

204

清式西番莲纹抽屉翘头案

材质：紫檀

年款：清代（清宫旧藏）

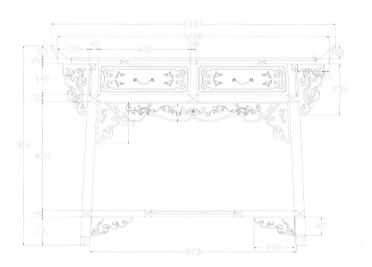

主视图

左视图

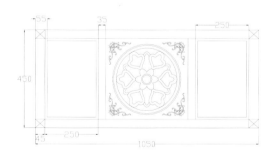

剖视图（搁板）

清式双螭纹翘头案

材质：黄花梨

年款：清代（清宫旧藏）

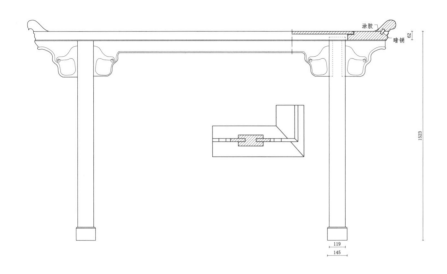

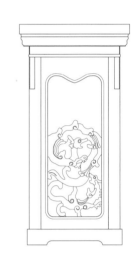

主视图　　　　　　　　　　　　　　　　　左视图

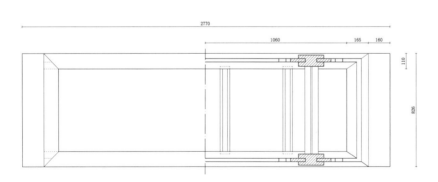

俯视图

图版清单（清式双螭
纹翘头案）：
主视图
左视图
俯视图

清式五福献寿如意翘头案

材质：紫檀

年款：清代（清宫旧藏）

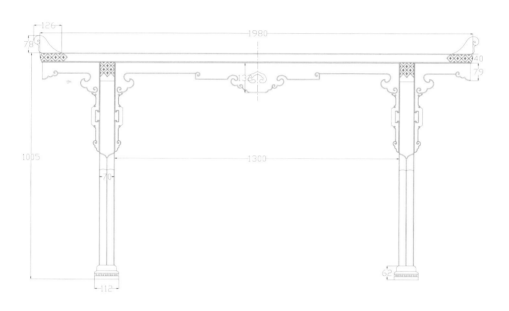

主视图

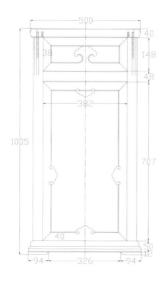

左视图

图版清单（清式五福
献寿如意翘头案）：
主视图
左视图

注：视图中略去部分纹样。

清式福寿纹翘头案

材质：紫檀

丰款：清代（清宫旧藏）

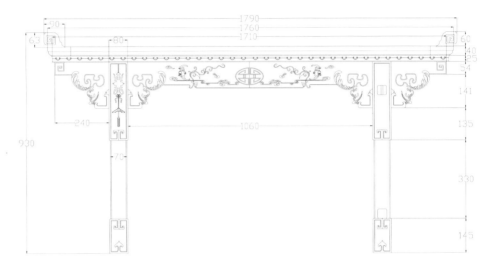

主视图

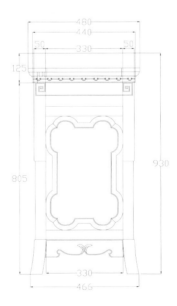

左视图

清式架几案

材质：楠木

年款：清代（清宫旧藏）

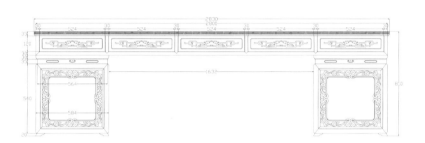

主视图

左视图

俯视图

图版清单（清式架几案）：

主视图
左视图
俯视图

清式罗锅枨加矮老画桌

材质：紫檀

年款：清代（清宫旧藏）

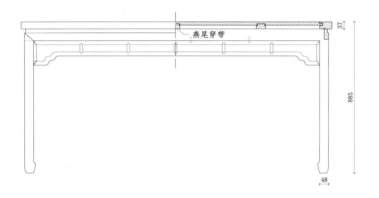

主视图

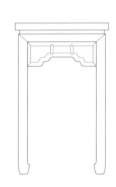

左视图

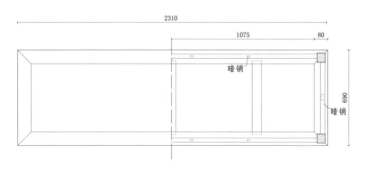

俯视图

清式博古纹画桌

材质：紫檀

丰款：清代（清宫旧藏）

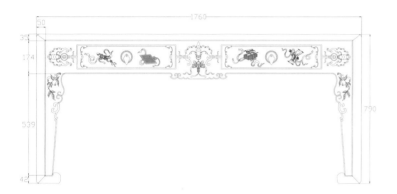

主视图

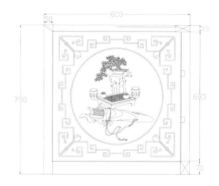

左视图

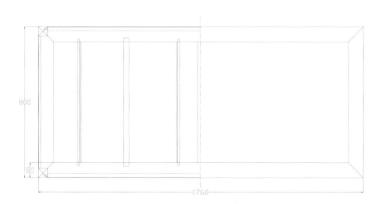

俯视图

清式有束腰马蹄足画桌

材质：紫檀

丰款：清代（清宫旧藏）

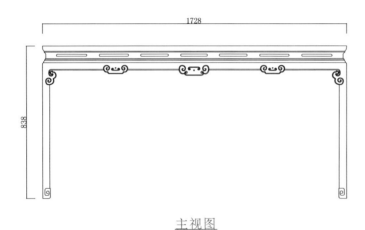

主视图

左视图

俯视图

图版清单（清式有束
腰马蹄足画桌）：
主视图
左视图
俯视图

清式云龙纹内翻马蹄足画桌

材质：紫檀

年款：清代（清宫旧藏）

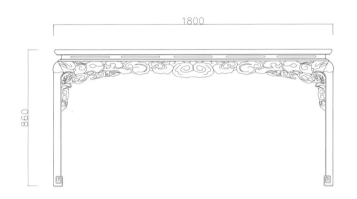

1800

860

主视图

700

860

左视图

1800

700

俯视图

图版清单（清式云
龙纹内翻马蹄足画
桌）：
主视图
左视图
俯视图

清式素牙板霸王枨画桌

材质：紫檀

年款：清代（清宫旧藏）

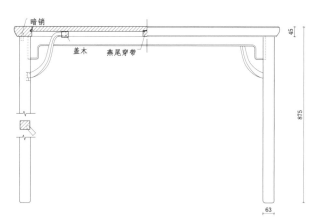

主视图

左视图

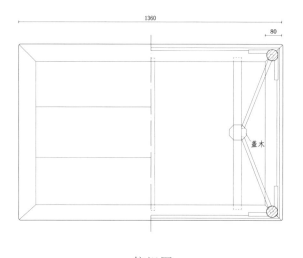

俯视图

透视图

图版清单（清式素牙
板霸王枨画桌）：
主视图
左视图
俯视图
透视图

注：为了便于读者理解，增加透视图。

清式素面带托子大画案

材质：黄花梨

年款：清代（清宫旧藏）

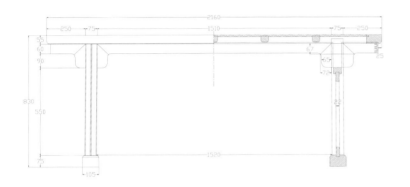

主视图

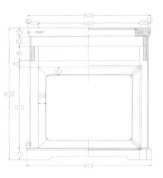

左视图

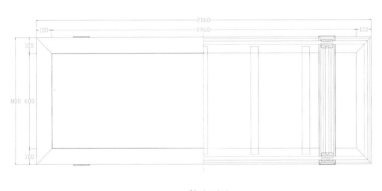

俯视图

剖视图

图版清单（清式素面带托子大画案）：
主视图
左视图
俯视图
剖视图

注：剖视图为腿子、托子的局部截面。

215

清式嵌大理石画案

材质：黄花梨

丰款：清代（清宫旧藏）

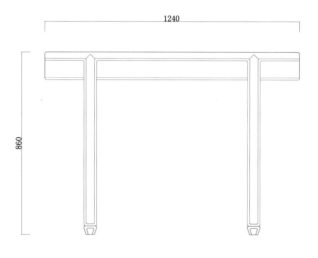

1240

860

主视图

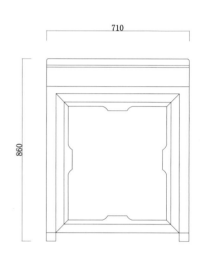

710

860

左视图

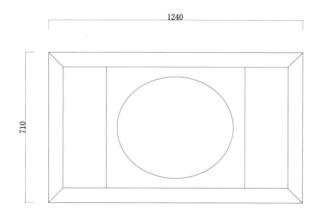

1240

710

俯视图

图版清单（清式嵌大
理石画案）：
主视图
左视图
俯视图

清式竹簧拐子纹画案

材质：紫檀

年款：清代

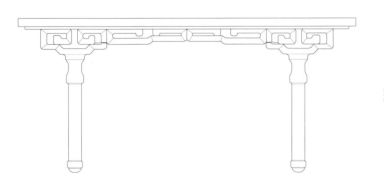

主视图

左视图

俯视图

清式简素平头画案

材质：紫檀

丰款：清代（清宫旧藏）

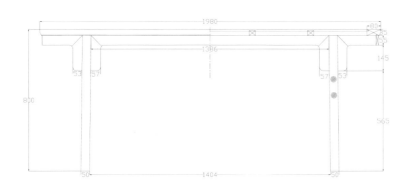

主视图

左视图

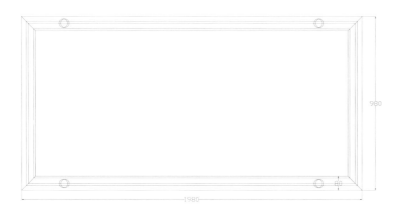

俯视图

细节图

图版清单（清式简素
平头画案）：

主视图
左视图
俯视图
细节图

注：细节图为案面冰盘沿大样图。

匠心营造

清式素牙板画案

材质：紫檀

年款：清代（清宫旧藏）

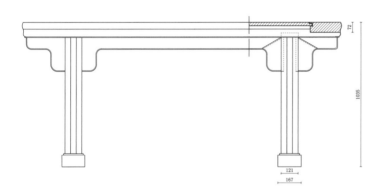

主视图

左视图

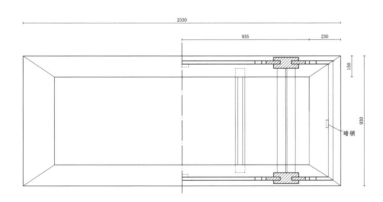

俯视图

图版清单（清式素牙
板画案）：
主视图
左视图
俯视图

清式卷云纹牙头画案

材质：紫檀

丰款：清代（清宫旧藏）

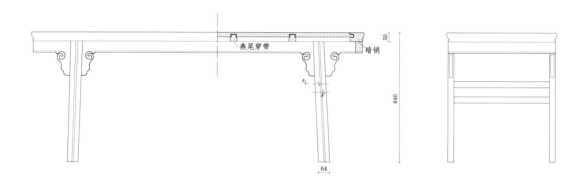

主视图 左视图

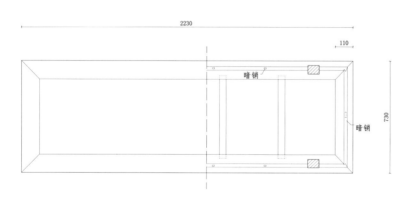

俯视图

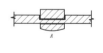

细节图

图版清单（清式卷云
纹牙头画案）：
主视图
左视图
俯视图
细节图

注：细节图为腿部与牙板相交处剖视图。

清式八屉书桌

材质：紫檀

年款：清代（清宫旧藏）

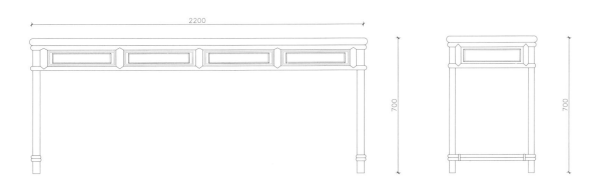

主视图　　　　　　　　　　　　　　　左视图

俯视图

透视图

图版清单（清式八屉
书桌）：
主视图
左视图
俯视图
透视图

注：为了便于读者理解，增加透视图。

清式拐子灵芝纹琴桌

材质：紫檀

丰款：清代（清宫旧藏）

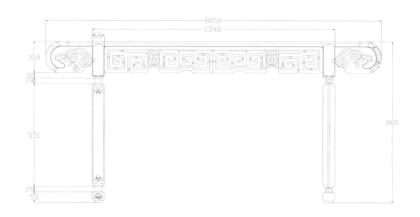

主视图

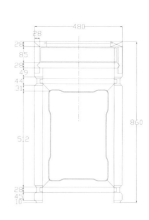

左视图

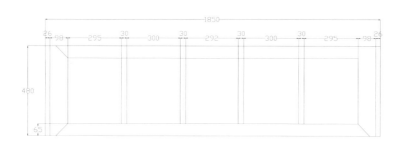

俯视图

图版清单（清式拐子
灵芝纹琴桌）：
主视图
左视图
俯视图

清式方胜纹琴桌

材质：紫檀

丰款：清代（清宫旧藏）

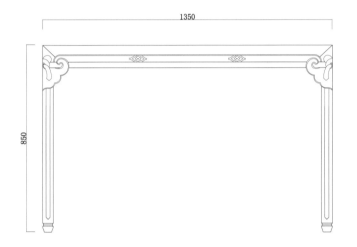

主视图

左视图

俯视图

清式卷书式绳系玉璧纹琴桌

材质：紫檀

年款：清代（清宫旧藏）

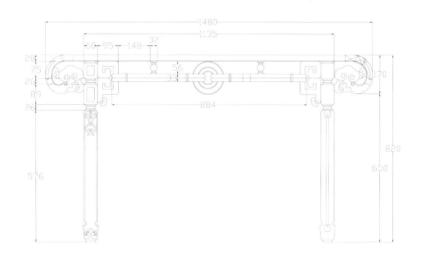

主视图

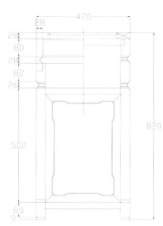

左视图

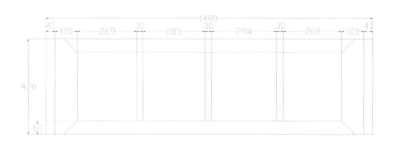

俯视图

图版清单（清式卷书
式绳系玉璧纹琴桌）：
主视图
左视图
俯视图

224

清式卷书式琴桌

材质：老红木

年款：清代（清宫旧藏）

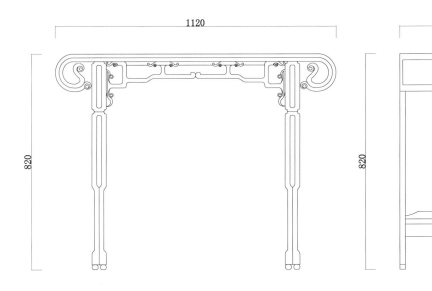

1120

820

主视图

400

820

左视图

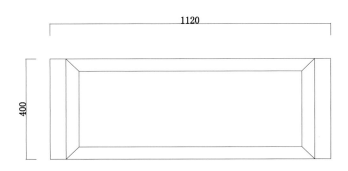

1120

400

俯视图

清式马蹄足供桌

材质：花梨木

年款：清代

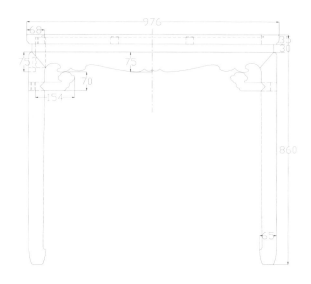

主视图

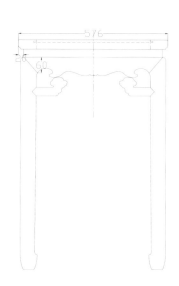

左视图

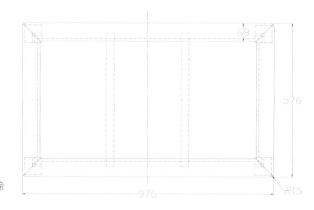

俯视图

清式螭龙纹供桌

材质：紫檀

年款：清代

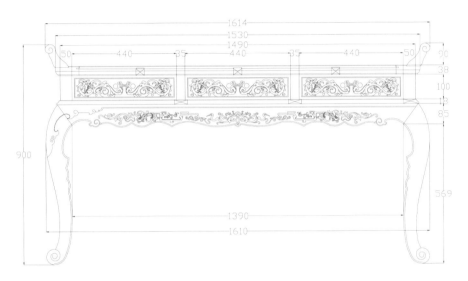

主视图

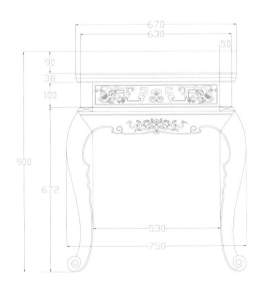

左视图

图版清单（清式螭
龙纹供桌）：
主视图
左视图

清式灵芝纹供案

材质：紫檀

丰款：清代（清宫旧藏）

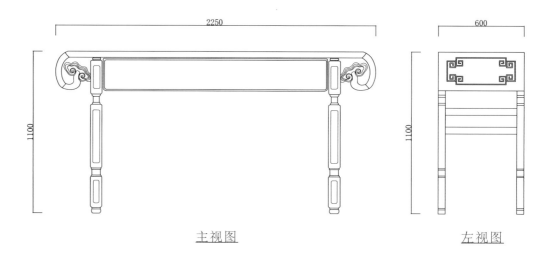

主视图   左视图

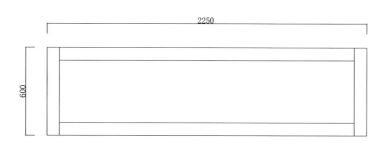

俯视图

清式带托泥供案

材质：老红木

年款：清代

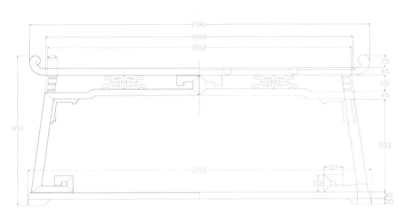

主视图

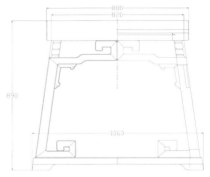

左视图

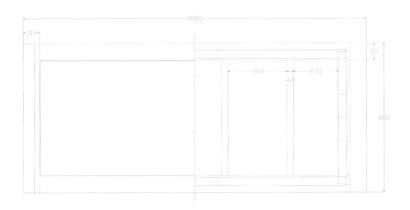

俯视图

229

清式云龙纹带屉供案

材质：紫檀

丰款：清代（清宫旧藏）

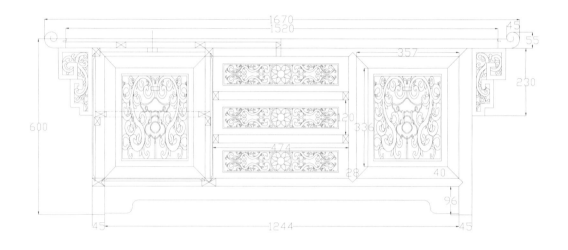

主视图

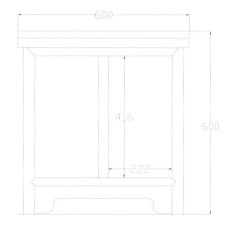

左视图

清式房前桌

材质：楠木

年款：清代

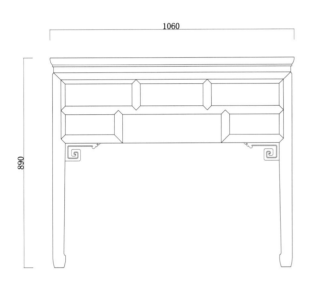

1060

890

主视图

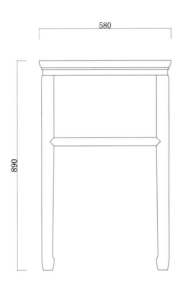

580

890

左视图

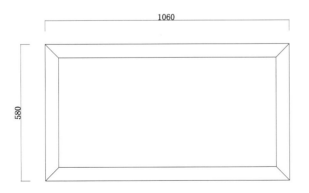

1060

580

俯视图

清式攒棂格桌面茶桌

材质：黄花梨

年款：清代

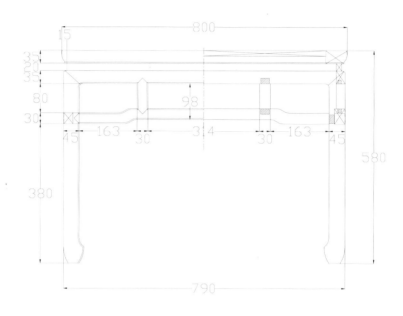

主视图

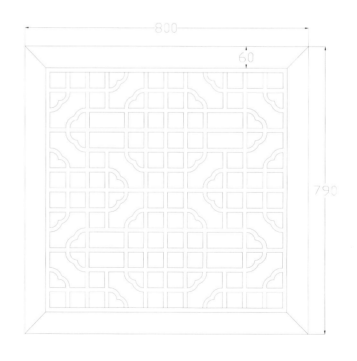

俯视图

图版清单（清式攒棂
格桌面茶桌）：
主视图
俯视图

清式琴棋书画茶桌

材质：紫檀

年款：清代

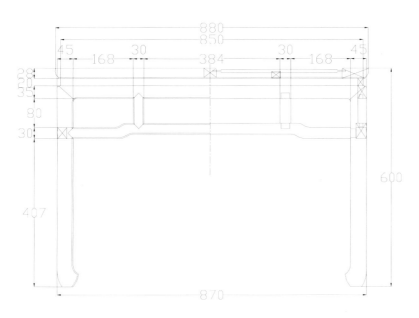

主视图

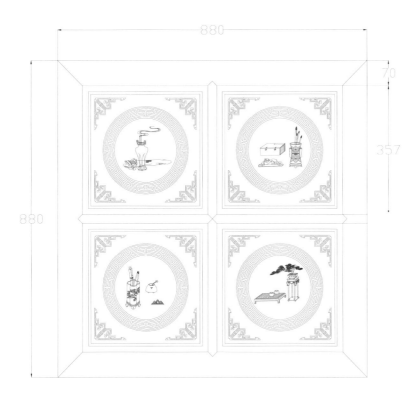

俯视图

图版清单（清式琴棋
书画茶桌）：
主视图
俯视图

清式翘头抽屉桌

材质：紫檀

年款：清代（清宫旧藏）

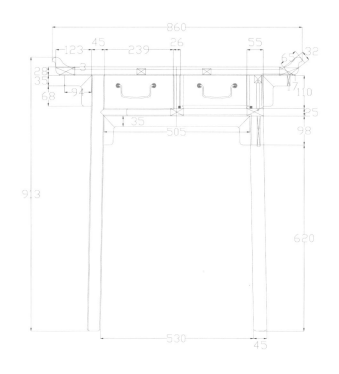

主视图

左视图

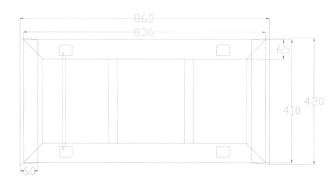

俯视图

图版清单（清式翘头
抽屉桌）：
主视图
左视图
俯视图

清式龙纹圆桌

材质：紫檀

年款：清代

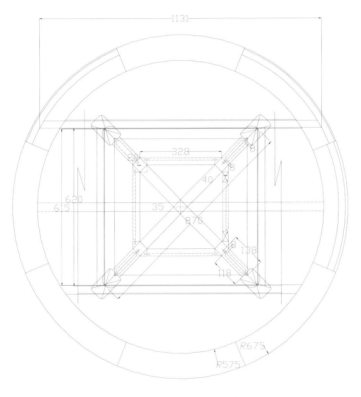

主视图

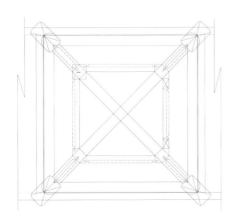

剖视图 1

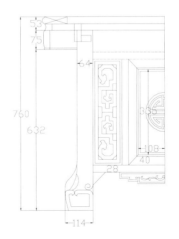

剖视图 2

图版清单（清式龙
纹圆桌）：
主视图
剖视图 1
剖视图 2

清式螭龙灵芝纹圆桌

材质：紫檀

年款：清代

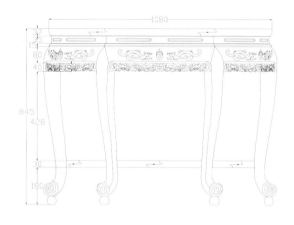

主视图

细节图 1

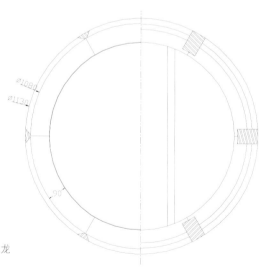

俯视图

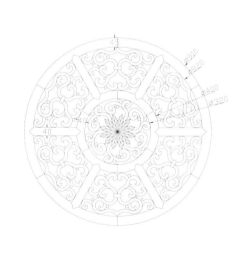

细节图 2

注：细节图 1 为腿部正视及侧视图；细节图 2 为屉板俯视图。

清式五足螭龙纹圆桌

材质：老红木

丰款：清代

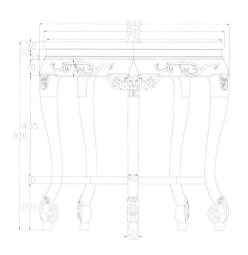

主视图

细节图1

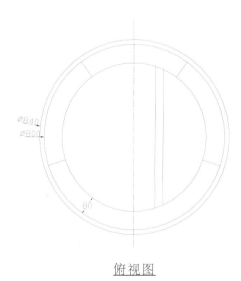

俯视图

细节图2

图版清单（清式五足螭龙纹圆桌）：
主视图
俯视图
细节图1
细节图2

注：细节图1为腿部剖视图；细节图2为屉板俯视图。

237

清式如意灵芝纹圆桌

材质：紫檀

丰款：清代

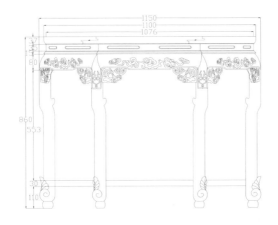

主视图

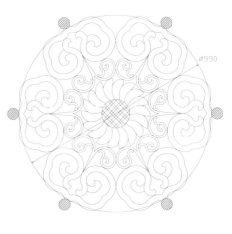

细节图1

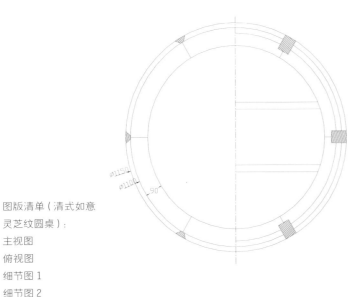

俯视图

细节图2

注：细节图1为腿部正视及侧视图；细节图2为屉板俯视图。

匠心营造

清式富贵圆桌

材质：黄花梨

年款：清代

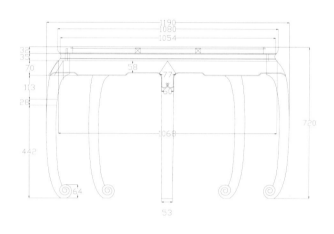

主视图

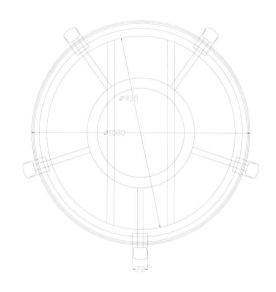

俯视图

图版清单（清式富贵圆桌）：
主视图
俯视图

清式鼓腿彭牙大圆桌

材质：紫檀

丰款：清代（清宫旧藏）

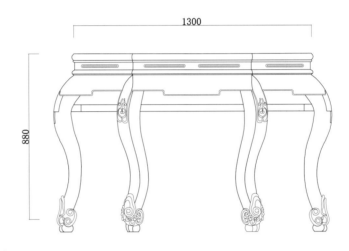

1300

880

主视图

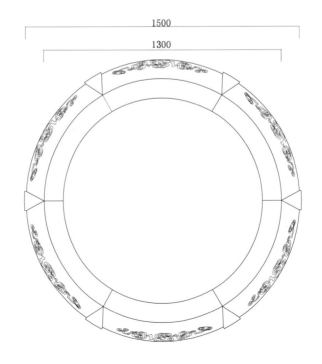

1500

1300

俯视图

图版清单（清式鼓腿
彭牙大圆桌）：
主视图
俯视图

注：主视图中牙板纹饰略去。

清式荷叶式雕花半圆桌

材质：紫檀

年款：清代

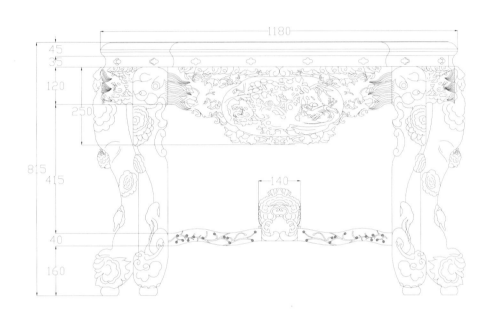

主视图

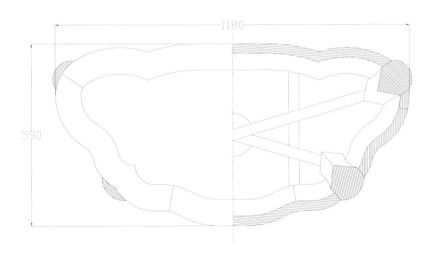

俯视图

图版清单（清式荷叶
式雕花半圆桌）：
主视图
俯视图

清式夔龙纹条几两件套

材质：紫檀

丰款：清代

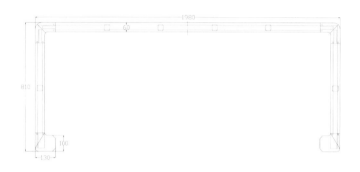

几－主视图

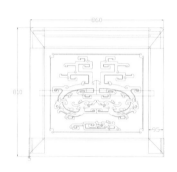

几－左视图

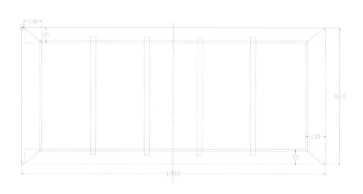

几－俯视图

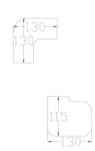

几－细节图

注：此两件套中条几为1件，凳为1件。细节图分别为几面与板足连接处和足端处大样图。

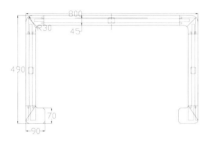

凳－主视图

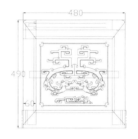

凳－左视图

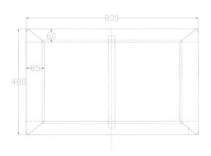

凳－俯视图

承具·清代

清式如意云纹餐桌五件套

材质：紫檀

丰款：清代

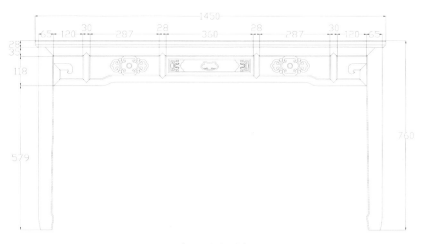

桌－主视图

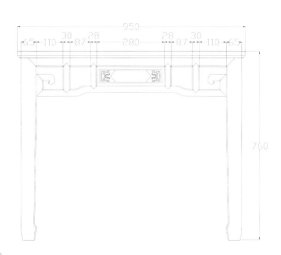

桌－左视图

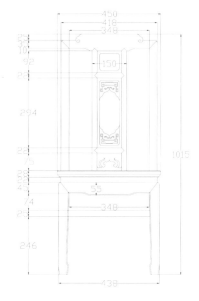

椅－主视图

注：此五件套中桌为 1 件，椅为 4 件。

清式大理石面云纹方桌五件套

材质：紫檀

年款：清代（清宫旧藏）

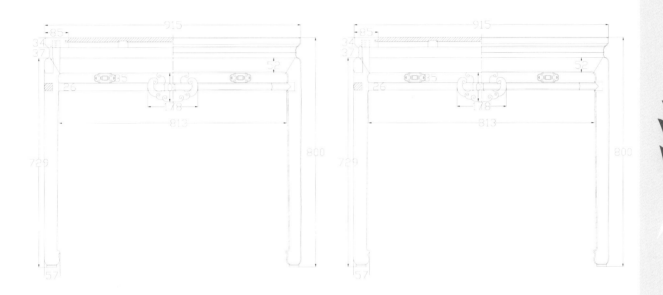

桌－主视图   桌－左视图

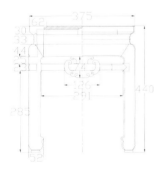

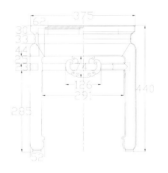

凳－主视图   凳－左视图

注：此五件套中桌为1件，凳为4件。

清式雕花独梃圆桌五件套

材质：紫檀

丰款：清代

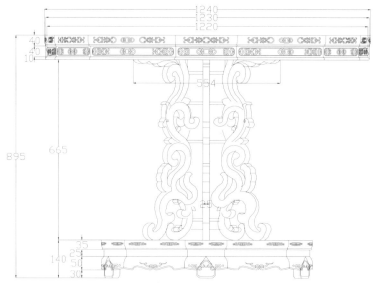

桌一主视图

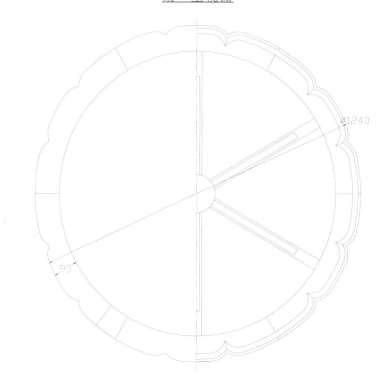

桌一俯视图

注：此五件套中桌为1件，凳为4件。

246

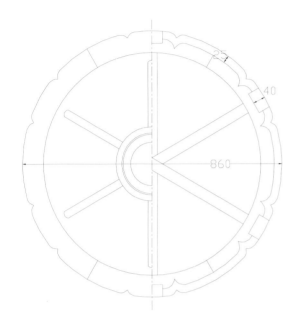

桌－剖视图（底座）

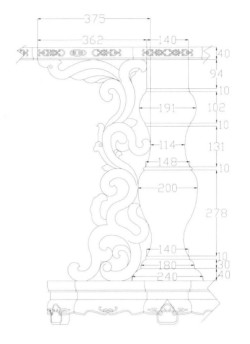

桌－剖视图（立柱）

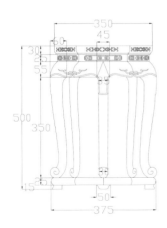

凳－主视图

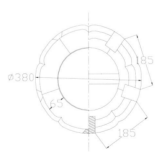

凳－俯视图

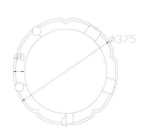

凳－剖视图（托泥）

图版清单（清式雕花
独梃圆桌五件套）：
桌－主视图
桌－俯视图
桌－剖视图（底座）
桌－剖视图（立柱）
凳－主视图
凳－俯视图
凳－剖视图（托泥）

清式荷叶式圆桌五件套

材质：紫檀

丰款：清代（清宫旧藏）

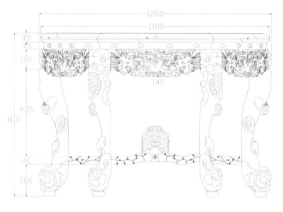

桌－主视图

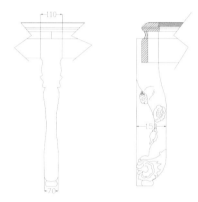

桌－细节图

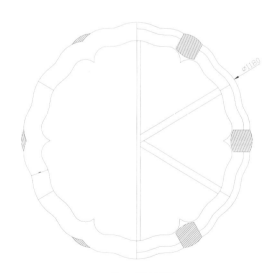

桌－俯视图

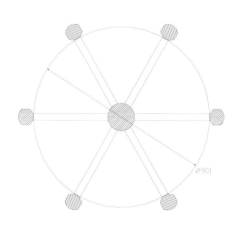

桌－剖视图（屉板）

注：此五件套中桌为1件，凳为4件。细节图为桌子腿部正视图及侧视图。

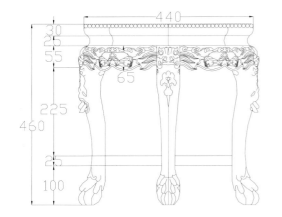

凳—主视图

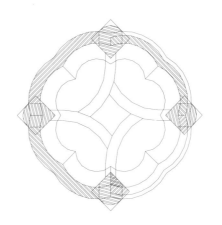

凳—剖视图（屉板）

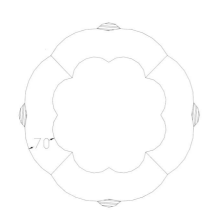

凳—俯视图

图版清单（清式荷叶
式圆桌五件套）：
桌—主视图
桌—俯视图
桌—细节图
桌—剖视图（屉板）
凳—主视图
凳—俯视图
凳—剖视图（屉板）

现代中式灵芝纹餐桌三件套

材质：紫檀

年款：现代

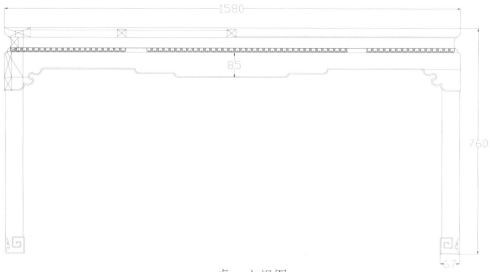

桌－主视图

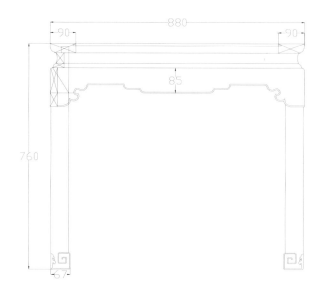

桌－右视图

注：此三件套中桌为1件，椅为2件。

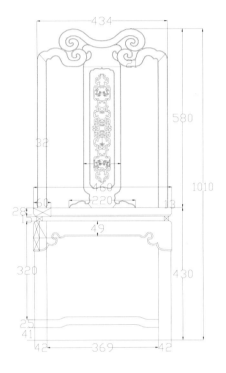

椅－主视图

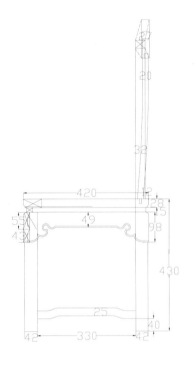

椅－右视图

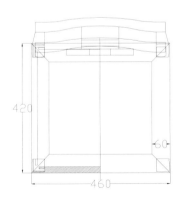

椅－俯视图

承具·现代

现代中式祥云如意餐桌三件套

材质：紫檀

丰款：现代

桌－主视图

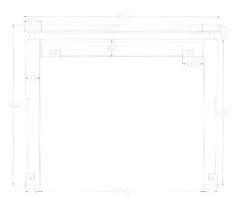

桌－右视图

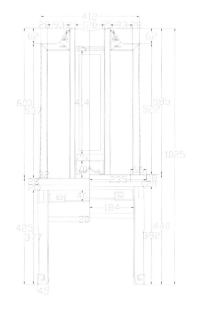

椅－主视图

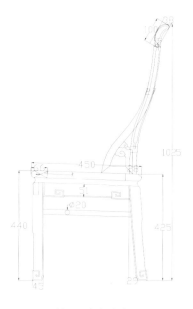

椅－右视图

注：此三件套中桌为1件，椅为2件。

现代中式夔龙纹回勾足办公桌

材质：黄花梨

丰款：现代

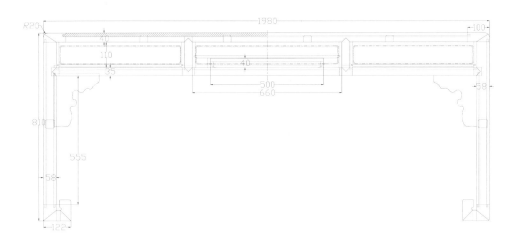

主视图

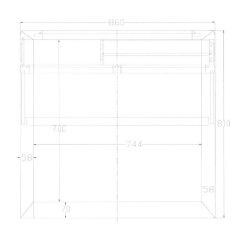

左视图

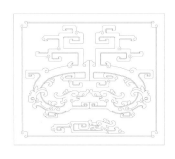

细节图（挡板）

图版清单（现代中式
夔龙纹回勾足办公
桌）：
主视图
左视图
细节图（挡板）

现代中式拐子纹八屉办公桌

材质：紫檀

丰款：现代

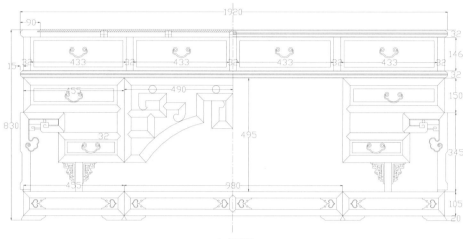

主视图

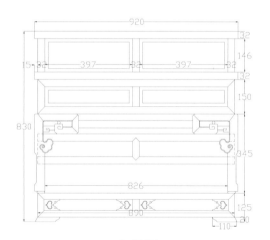

左视图

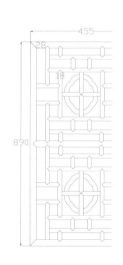

细节图 1

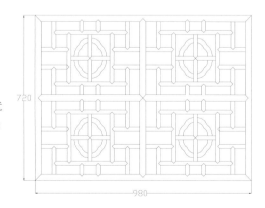

细节图 2

匠心营造

254

现代中式五福如意圆桌五件套

材质：紫檀

丰款：现代

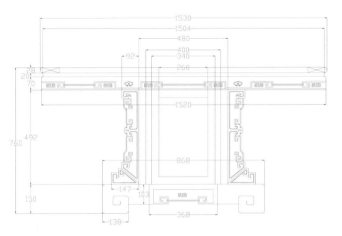

桌－主视图

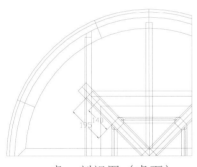

桌－剖视图（桌面）

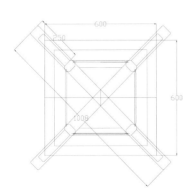

桌－剖视图（底座）

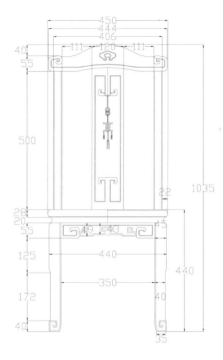

椅－主视图

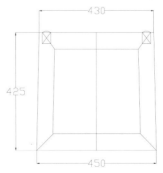

椅－俯视图

图版清单（现代中式
五福如意圆桌五件
套）：
桌－主视图
桌－剖视图（桌面）
桌－剖视图（底座）
椅－主视图
椅－俯视图

注：此五件套中桌为1件，椅为4件。

现代中式冰裂纹茶桌五件套

材质：红酸枝

年款：现代

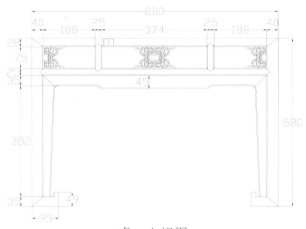

桌－主视图

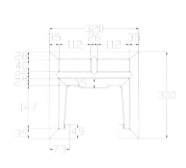

凳－主视图

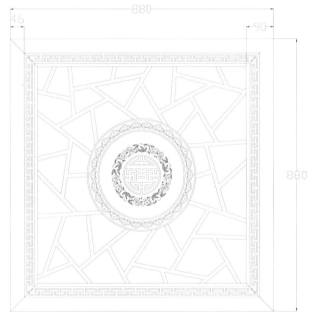

桌－俯视图

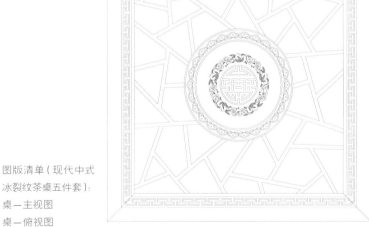

凳－俯视图

图版清单（现代中式
冰裂纹茶桌五件套）：
桌－主视图
桌－俯视图
凳－主视图
凳－俯视图

注：此五件套中桌为 1 件，凳为 4 件。

现代中式竹节纹画桌三件套

材质：染料紫檀

丰款：现代

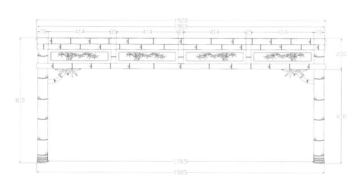

桌－主视图

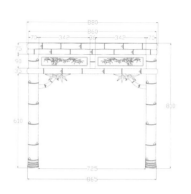

桌－左视图

桌－俯视图

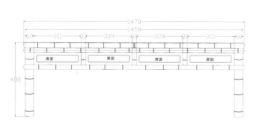

凳－主视图

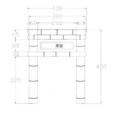

凳－左视图

图版清单（现代中式
竹节纹画桌三件套）：
桌－主视图
桌－左视图
桌－俯视图
凳－主视图
凳－左视图

注：此三件套中桌为1件，凳为2件。

现代中式双福餐桌

材质：楠木

丰款：现代

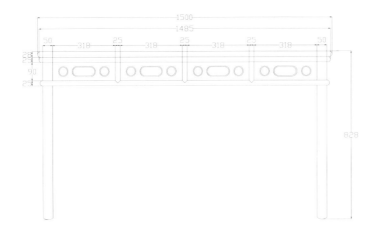

主视图   左视图

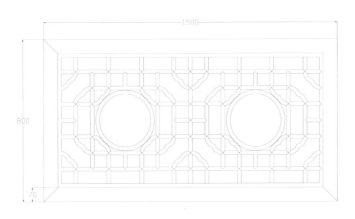

俯视图

图版清单（现代中式
双福餐桌）：
主视图
左视图
俯视图

注：视图中纹饰略去。

现代中式攒棂格面餐桌

材质：紫光檀

丰款：现代

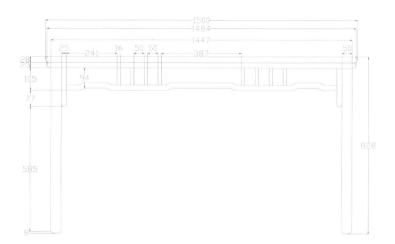

主视图

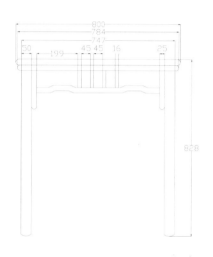

左视图

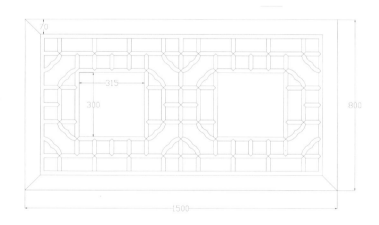

俯视图

现代中式攒棂格裹腿餐桌

材质：非洲酸枝

丰款：现代

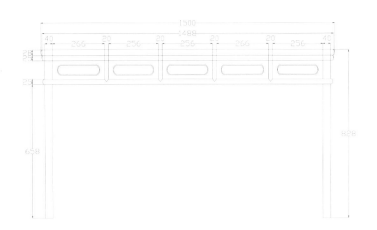

主视图

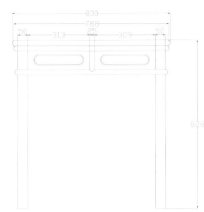

左视图

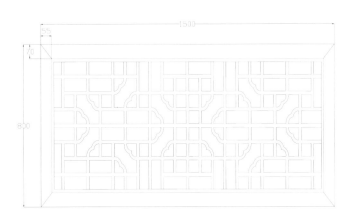

俯视图

图版清单（现代中式
攒棂格裹腿餐桌）：
主视图
左视图
俯视图

现代中式卷草拐子纹餐桌

材质：紫檀

丰款：现代

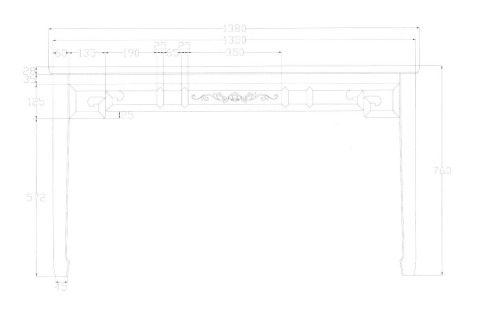

主视图

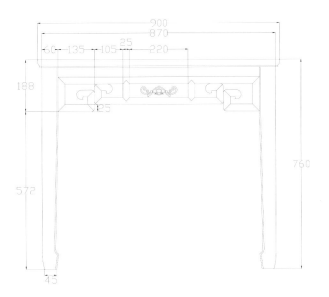

左视图

图版清单（现代中式
卷草拐子纹餐桌）：
主视图
左视图

现代中式团寿纹电脑桌

材质：缅甸花梨

丰款：现代

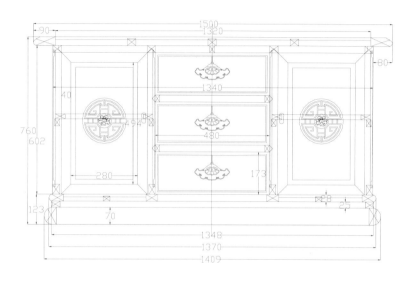

主视图

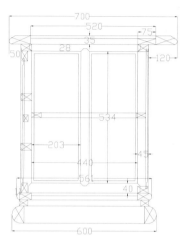

左视图

后视图

图版清单（现代中式
团寿纹电脑桌）：
主视图
左视图
后视图

现代中式海棠式麻将桌

材质：紫檀

年款：现代

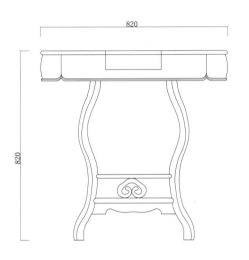

主视图

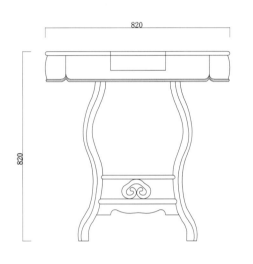

左视图

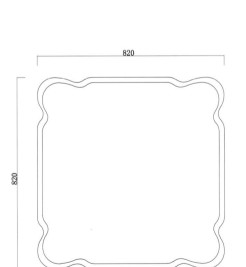

俯视图

现代中式嵌石圆桌五件套

材质：紫檀

丰款：现代

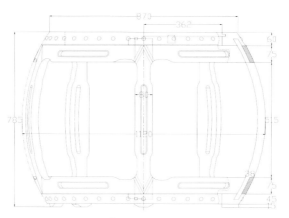

桌－主视图

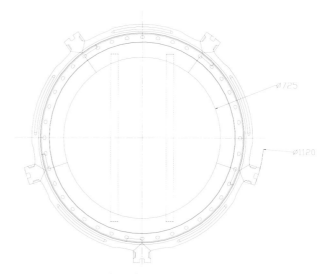

桌－俯视图

图版清单（现代中式
嵌石圆桌五件套）：
桌－主视图
桌－俯视图
凳－主视图
凳－俯视图

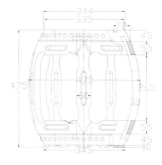

凳－主视图

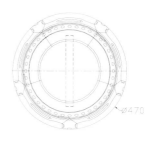

凳－俯视图

注：此五件套中桌为 1 件，凳为 4 件。

附录：图版索引

图版索引

图版索引

268

图版索引

图版

270

图版

▌图 版 索 引▐